AF357280

THÈSES

PRÉSENTÉES

A LA FACULTÉ DES SCIENCES DE PARIS

POUR OBTENIR

LE GRADE DE DOCTEUR ÈS SCIENCES NATURELLES

PAR

Le D' Yves DELAGE

1re THÈSE — CONTRIBUTION A L'ÉTUDE DE L'APPAREIL CIRCULATOIRE DES CRUSTACÉS ÉDRIOPHTHALMES MARINS.

2e THÈSE. — PROPOSITIONS DONNÉES PAR LA FACULTÉ.

Soutenues le 29 mars devant la Commission d'examen

MM. HÉBERT, *Président.*
DE LACAZE-DUTHIERS, } *Examinateurs.*
DUCHARTRE,

PARIS

TYPOGRAPHIE A. HENNUYER

7, RUE D'ARCET

1881

ACADÉMIE DE PARIS

FACULTÉ DES SCIENCES DE PARIS

MM.

DOYEN.........	MILNE-EDWARDS, prof.	Zoologie, Anatomie, Physiologie comparée.
PROFESSEURS HONORAIRES..	PASTEUR. DUMAS.	
PROFESSEURS.	N...	Géométrie supérieure.
	P. DESAINS	Physique.
	LIOUVILLE..............	Mécanique rationnelle.
	PUISEUX.................	Astronomie.
	HÉBERT.................	Géologie.
	DUCHARTRE	Botaniqne.
	JAMIN...................	Physique.
	SERRET.................	Calcul différentiel et intégral.
	H. Ste-LAIRE-DEVILLE...	Chimie.
	DE LAAZE-DUTHIERS...	Zoologie, Anatomie, Physiologie comparée.
	BERT	Physiologie.
	HERMITE...............	Algèbre supérieure.
	BRIOT	Calcul des probabilités, Physique mathématique.
	BOUQUET	Mécanique physique et expérimentale.
	TROOST	Chimie.
	WURTZ.................	Chimie organique.
	FRIEDEL	Minéralogie.
	O. BONNET.............	Astronomie.
AGRÉGÉS.....	BERTRAND............. J. VIEILLE.............	Sciences mathématiques.
	PELIGOT	Sciences physiques.
SECRÉTAIRE...	PHILIPPON.	

A M. H. DE LACAZE-DUTHIERS

OFFICIER DE LA LÉGION D'HONNEUR
MEMBRE DE L'INSTITUT DE FRANCE, PROFESSEUR DE ZOOLOGIE ET D'ANATOMIE
COMPARÉE A LA SORBONNE.

CHER ET HONORÉ MAITRE,

En vous dédiant ce travail, je ne veux pas seulement vous témoigner ma vive reconnaissance pour la bienveillance que vous m'avez toujours accordée. Je voudrais aussi rappeler que la méthode qui m'a guidé dans son exécution et, d'une manière générale, le goût des études microtomiques me viennent de vous.

Bien souvent, vous vous êtes plaint de voir les jeunes travailleurs, séduits par les avantages incontestables et peut-être aussi par la facilité de certains procédés nouveaux, abandonner la microtomie et les patientes dissections sous la loupe. Cependant cette méthode, à laquelle la zoologie doit les immenses progrès qu'elle a faits au commencement de ce siècle, est capable encore de rendre des services. Cela est surtout vrai pour cette catégorie d'animaux trop petits pour la vue simple, trop gros pour le microscope, qui, peut-être pour cette raison, ont été un peu délaissés depuis quelque temps.

La longue série de vos travaux est une protestation contre les tendances que vous blâmez. Je serais heureux que celui-ci, tout indigne qu'il est, vous montrât que vos conseils ont été entendus.

Veuillez donc, cher et honoré Maître, en accepter l'hommage comme un gage de reconnaissance et comme une preuve de respectueuse estime pour l'enseignement du maître qui m'a formé.

YVES DELAGE.

CONTRIBUTION A L'ÉTUDE

DE L'APPAREIL CIRCULATOIRE

DES CRUSTACÉS ÉDRIOPHTHALMES MARINS

PAR LE Dr |YVES DELAGE
Préparateur de Zoologie expérimentale à la Faculté des Sciences de Paris
(station maritime de Roscoff).

INTRODUCTION

I

En mettant au concours l'*Etude comparative de l'organisation inté-rieure des Crustacés édriophthalmes*, l'Académie des sciences [1] exprime dans les termes suivants les raisons qui l'ont décidée à provoquer des recherches sur ce sujet : « L'anatomie des Crustacés podoph-thalmaires a été l'objet de recherches nombreuses ; mais on ne connaît que très incomplètement la structure intérieure des Edrio-phthalmes... » ; et elle signale principalement à l'attention des concurrents le système nerveux, le système circulatoire, l'appareil digestif et les organes de la reproduction.

En faisant les recherches bibliographiques nécessaires, j'ai pu me convaincre qu'en effet un très petit nombre d'auteurs se sont occu-pés des Edriophthalmes au point de vue anatomique ; mais ce qui m'a surtout frappé, c'est le peu de place qu'ils ont, en général, ac-cordée, dans leurs mémoires, à la description de l'appareil circu-latoire.

[1] *C. R. Acad. sc. Paris*, t. XC, 1880, p. 458.

La raison de ce délaissement me paraît devoir être cherchée dans l'insuffisance des méthodes qui ont été employées.

L'injection de l'appareil circulatoire n'a jamais été tentée chez les Læmodipodes ni chez les Amphipodes proprement dits ; chez les Isopodes, c'est uniquement le système des vaisseaux artériels qui a été injecté, et encore par un très petit nombre de zoologistes, parmi lesquels je citerai surtout Audouin, Milne-Edwards, Kowalewsky et Nicolas Wagner.

Les savants les plus éminents, en tête desquels je placerai Claus, ont étudié, avec le microscope, les Edriophthalmes transparents et ont obtenu de cette étude presque tous les fruits qu'elle pouvait donner. Mais les Edriophthalmes sont en général peu transparents ; les Isopodes les plus élevés en organisation ne le sont pas du tout, et les Amphipodes, qui le sont davantage, ne laissent point apercevoir cependant les détails d'organisation cachés dans la profondeur de leurs tissus. Aussi il suffira de comparer les conclusions du travail que l'on va lire avec l'exposé historique que nous ferons de l'état de la question, pour voir combien de points, aussi importants par leur généralité que par leur nature, étaient restés ignorés.

Tout l'honneur de ces découvertes doit être reporté sur l'application d'une méthode déjà connue, mais dont l'importance ou l'extension n'avait pas suffisamment été remarquée. Je veux parler de la méthode des injections.

Le manuel opératoire de l'injection de très petits vaisseaux sur de grands animaux est parfaitement connu, mais il n'en est pas de même pour l'injection de vaisseaux même relativement grands sur des animaux de très petite taille. Dans ces conditions, à la difficulté ordinaire de faire passer une masse colorée dans des canaux d'un très petit volume, se joignent celles qui proviennent de la difficulté d'apercevoir le vaisseau dans lequel on veut pousser l'injection, de la minceur extraordinaire de ses parois et même de la presque impossibilité où l'on est parfois de fixer convenablement l'animal. Aussi je crois utile d'entrer dans quelques détails au sujet du manuel opératoire de ces délicates opérations.

II

MANUEL OPÉRATOIRE. — Dans l'injection d'animaux aussi différents de taille que le sont les Edriophthalmes le manuel opératoire doit nécessairement varier. Il est évident que le même procédé ne peut servir à injecter un Cymothoadien long de 3 centimètres et large de 2 et une Caprelle dont le diamètre ne dépasse pas celui d'un gros fil. Une chose cependant est commune à tous les cas, c'est le liquide qui constitue la masse à injecter.

J'ai essayé successivement les masses recommandées par les divers auteurs : le bleu soluble, le carmin, les dérivés de l'aniline, le sulfure de cadmium, etc., unis à la glycérine, à la gélatine, à l'albumine liquide, à l'essence de térébenthine, etc., comme véhicules, et je n'ai obtenu que des insuccès ou des succès partiels.

Je ferai remarquer d'abord que l'emploi des masses transparentes est ici plutôt nuisible qu'utile, les animaux injectés devant être disséqués et examinés beaucoup plus souvent à la lumière réfléchie qu'à la lumière transmise. Comme il n'y a pas ici de capillaires, les vaisseaux les plus fins que l'on ait à observer ont encore un volume notable et, dans les rares circonstances où l'on est obligé d'examiner quelque fragment de tissu à un grossissement un peu considérable, l'opacité de l'injection n'apporte pas un obstacle sérieux à l'examen.

La masse que j'ai trouvée la plus convenable est une matière opaque : celle qui a été employée depuis si longtemps par Milne-Edwards et qui est généralement désignée sous le nom de jaune de Thiersch (chromate de plomb), mais employé autrement que ne l'a indiqué cet auteur. Il doit être préparé sans autre véhicule que l'eau qui entre dans la composition des liqueurs au moyen desquelles on l'obtient.

En versant 2 parties d'une solution saturée et filtrée de sous-acétate de plomb dans un vase à expériences, contenant déjà 1 partie d'une solution saturée de bichromate de potasse, et remuant rapidement, on obtient un précipité d'un beau jaune clair qui constitue la masse telle qu'elle doit être employée, sans addition d'un véhicule quelconque. Si l'on ajoute de la glycérine par exemple, on arrivera seulement à la rendre moins colorée et moins fluide. Employée seule, au contraire, elle est très pénétrante sans l'être trop, en sorte qu'elle remplit les plus fines ramifications artérielles sans jamais arriver dans les lacunes qui leur font suite. Parfois seulement on voit, autour de l'extrémité terminale d'une artériole bien remplie, un semis de fines granulations qui sont sorties avec peine de sa cavité, et cela même sert à déceler le mode de terminaison de cette artériole dans les lacunes veineuses.

Pour injecter des animaux très petits on peut même filtrer la matière sur le papier. Le liquide passe jaune à condition qu'on l'agite continuellement et le produit de la filtration, examiné au microscope, montre un précipité dont les éléments sont très fins et parfaitement égaux entre eux.

En variant légèrement les proportions des liquides constituants, on peut modifier ses propriétés. Un excès de sous-acétate de plomb rend le précipité plus pâle et plus pénétrant ; un excès de bichromate de potasse fait tourner la couleur au rouge-brique et rend l'injection moins pénétrante, mais plus solide, en ce sens que les granules du précipité deviennent plus adhérents aux parois des vaisseaux.

Le seul reproche que l'on puisse faire à cette masse, c'est que les granulations du précipité qui la constitue sont très lourdes ; elles se séparent rapidement du liquide qui les tient en suspension, ce qui oblige à l'agiter chaque fois que l'on doit remplir la seringue. En outre, ces granulations s'agglomèrent peu à peu entre elles, et deviennent plus grosses, ce qui oblige à renouveler la masse au bout de quelques heures. Mais ce sont là de simples désagréments et non des inconvénients sérieux.

Les animaux injectés se conservent bien dans la glycérine et dans l'alcool absolu. La première rend les tissus transparents et rehausse l'éclat des vaisseaux, mais il est utile qu'elle ne soit pas acide, pour que l'injection ne se détériore pas. Le second rend les tissus opaques et masque l'injection des parties profondes, mais il permet de faire des coupes dans lesquelles les vaisseaux distendus restent béants et colorés par les granules adhérents à leur paroi interne.

Il est cependant une circonstance où cette masse au chromate de plomb ne peut être employée. Lorsqu'on dissèque un animal injecté, et que l'on coupe les vaisseaux, ceux-ci ne se vident pas lorsqu'ils n'ont que quelques fractions de millimètre de diamètre ; mais les vaisseaux plus gros et surtout les sinus se vident, le liquide tache les muscles et la préparation ne peut plus servir. Aussi pour injecter les sinus veineux, lorsqu'on doit les disséquer ensuite, il est nécessaire d'employer une autre masse.

Je me suis bien trouvé dans ces circonstances de l'usage du saindoux employé sans addition de cire, de suif ou d'essence de térébenthine. Je le colore avec le jaune de chrome employé dans la peinture à l'huile et vendu dans de petits tubes de plomb. Je préfère la couleur jaune au rouge et surtout au bleu, parce qu'elle réfléchit beaucoup plus de lumière et rend les dissections plus faciles. Cette masse est très liante et très pénétrante et n'a d'autre inconvénient que celui de ne pouvoir être employée qu'à chaud.

Arrivons maintenant aux procédés à mettre en œuvre pour faire pénétrer la masse à injection dans les vaisseaux.

Ici le manuel opératoire doit nécessairement changer selon la taille de l'animal.

Commençons par les Edriophthalmes les plus gros et, pour prendre un exemple, parlons de l'Anilocre, dont j'ai très souvent injecté les vaisseaux.

Pour un animal de cette taille, la seringue ordinaire, armée des plus fines canules que fournissent les fabricants spéciaux, est parfaitement suffisante.

On arrive assez facilement à remplir les grosses artères et leurs principales ramifications avec le procédé habituel, qui consiste à découvrir le cœur, à lui faire une petite ouverture et à pousser la masse à injection dans sa cavité. Le grossissement d'une forte loupe est suffisant pour guider l'opérateur. On peut aussi, sans faire d'ouverture préalable aux téguments, percer la paroi dorsale de l'animal avec une canule piquante en passant entre deux anneaux et entrer directement dans le cœur. Mais, malgré toutes les précautions, l'ouverture faite au cœur est plus grande que la canule, et une partie de la masse pouvant refluer par cette voie, la pression n'est plus suffisante pour faire parvenir le liquide très loin. On peut, à la vérité, arriver à remplir toutes les artérioles, mais la quantité de liquide jaune qui a reflué au dehors est très grande et les tissus sont plus ou moins tachés au pourtour de la plaie. Quant à placer une ligature, la chose ne me paraît pas pratique.

Je suis arrivé à tourner la difficulté de la manière suivante : on prend une Anilocre femelle de belle taille dont les ovaires sont vides ; si les œufs sont encore renfermés entre les lames de la cavité incubatrice, on les chasse délicatement avec un pinceau. Cela fait, on fixe l'animal sur le dos et l'on coupe transversalement, près de la base, une des lames branchiales, la première de préférence.

En examinant la ligne de section sous une bonne lumière et avec une loupe montée, on voit aux extrémités de cette ligne deux petites ouvertures elliptiques qui sont celles des vaisseaux afférent et efférent de la branchie, la première en dedans, la seconde en dehors. Négligeant la première qui communique avec le système veineux de l'animal, on introduit une fine canule dans la seconde, et, avec une petite pince, on applique les parois du vaisseau contre la canule. L'injection ne peut plus dès lors refluer au dehors, et, poussée par une pression suffisante, elle remplit successivement le premier vaisseau branchio-péricardique, le péricarde d'où elle passe dans les autres vaisseaux branchio-péricardiques, le cœur et toutes les artères jusque dans leurs plus fines ramifications. Lorsque l'opération a été bien faite, les vaisseaux efférents de toutes les branchies et le système artériel tout entier doivent être injectés. Il passe également toujours une petite quantité de matière à injection dans le système veineux, mais nous verrons plus loin que cela résulte d'une disposition anatomique et nullement d'une rupture quelconque.

Pour injecter le système veineux, on peut, selon le cas, pousser la masse au saindoux soit dans les lacunes d'une patte coupée près de sa base, soit dans le sinus prérectal.

Les mêmes procédés peuvent être appliqués aux Isopodes d'une taille analogue à celle de l'Anilocre.

La Lygie peut être encore injectée par le vaisseau efférent de la branchie, qui offre une disposition tout autre que chez l'Anilocre et sur laquelle je ne puis insister ici. Mais déjà les Sphéromes de nos mers sont trop petits et ne peuvent être injectés que par le cœur. Cependant, comme ce cœur est relativement fort large, on peut encore se contenter des seringues ordinaires et des canules de métal.

Lorsqu'il s'agit d'animaux plus petits, tels que sont par exemple les Pranises, les Bopyres, les Corophies, les canules de métal même les plus fines ont un diamètre supérieur à celui du cœur de

l'animal et l'on est forcé de renoncer à leur emploi. C'est aux canules de verre qu'il faut avoir recours dans ces cas. Heureusement
quelles sont faciles à faire et, avec un peu d'habitude, on arrive en
quelques minutes à en étirer un certain nombre et à en faire une
petite provision.

Pour être bonnes, les canules doivent remplir trois conditions
principales : 1° elles doivent être convenablement fines : trop grosses, elles ne peuvent entrer dans le cœur de l'animal; trop fines,
elles opposent à la sortie du liquide une résistance inutile, nuisible même en ce qu'elle diminue la pression ; 2° elles doivent avoir
une pointe courte : une canule étirée trop longue est tellement souple
à son extrémité, qu'elle se courbe, au lieu de perforer les tissus de
l'animal; si au contraire la pointe est courte, son extrémité soutenue
par une base large acquiert une fermeté suffisante ; 3° enfin elles doi‑
vent être étirées aux dépens d'un tube large à parois minces, pour que
le diamètre de la pointe ne soit pas inutilement augmenté par l'épaisseur des parois. Les canules ainsi fabriquées ne doivent pas être,
comme l'ont conseillé certains auteurs, détachées du tube de verre
qui les a fournies, et fixées avec de la cire à l'ajutage d'une seringue
de métal. Il est de beaucoup préférable d'ajuster au tube de verre
un tube de caoutchouc et de développer la pression nécessaire à
l'autre extrémité de ce tube.

Lorsqu'il s'agit d'animaux de la taille de ceux dont nous parlons,
cette pression n'a pas besoin d'être très considérable, car les canules
ont un diamètre assez grand, relativement à celui des granulations
du précipité, pour n'opposer qu'une faible résistance à leur passage.
Il est facile de développer cette pression avec la bouche.

Je prie le lecteur de remarquer combien cette installation est
simple et exige peu de frais.

L'animal est fixé dans une cuvette et bien éclairé avec une lentille
forte et large. On l'examine avec une loupe de Brucke ou avec un
objectif faible combiné, dans un microscope de dissection, avec un
prisme redresseur. La solution de chromate de plomb est faite, la
canule est prête et munie de son tube de caoutchouc. On saisit l'autre extrémité du tube entre les lèvres, on aspire 1 ou 2 centimètres
de la matière à injecter, on pique le cœur et, soufflant avec ména-
gement, on fait pénétrer peu à peu la masse dans les vaisseaux. On
peut s'arrêter au moment précis où les vaisseaux que l'on voulait
voir sont injectés.

Tout cela est facile à faire et n'exige aucun matériel spécial encombrant ou dispendieux. Tout naturaliste en voyage peut pratiquer ces injections au bord de la mer, loin des ressources des laboratoires.

Il existe cependant une petite difficulté qui, bien que minime en apparence, m'a longtemps empêché de réussir.

Pour bien voir l'animal en expérience, on est obligé de le recouvrir d'eau. Or, il arrive que lorsqu'on approche la canule garnie du liquide à injecter, au moment précis où sa pointe touche l'eau, ce liquide jaune s'écoule lentement par l'extrémité et forme un petit nuage qui tache l'animal et empêche de voir nettement le point où il faut le piquer. Si, pour éviter cet écoulement, on cherche à établir dans le tube une pression négative, en aspirant légèrement, il est impossible d'empêcher qu'une certaine quantité d'air ne vienne prendre la place du liquide à l'extrémité même de la canule, et, lorsqu'on injecte l'animal, cet air entre le premier dans les vaisseaux et s'oppose au progrès ultérieur de l'injection.

J'avais d'abord obvié à cet inconvénient en aspirant après le chromate de plomb un petit index de mercure. Mais je suis parvenu à trouver un moyen beaucoup plus simple. Il suffit d'aspirer de la même manière une gouttelette de la solution de bichromate potassique qui a servi à préparer la masse. Cette gouttelette s'oppose parfaitement à la diffusion du chromate de plomb dans l'eau et rien ne sort de la canule avant qu'on ait commencé à souffler.

Je ferai remarquer en outre qu'il est utile de souffler, comme dans un chalumeau, avec les buccinateurs, et non avec les muscles expirateurs, afin de mettre la pression dans le tube à l'abri des intermittences de la respiration.

Enfin il reste un troisième cas, celui où les animaux à injecter sont, comme les Caprelles ou les Tanaïs, si petits, que les canules qui leur conviennent doivent être d'une finesse extrême. Cette finesse est telle, que la capillarité oppose une forte résistance au passage de la masse même filtrée. La pression que l'on peut développer avec la bouche ne peut que faire sourdre le liquide par gouttelettes et non le faire jaillir sous forme de jet continu. Il est indispensable alors d'adapter au tube de caoutchouc une grosse seringue et d'avoir recours à un aide. La pression que l'on doit obtenir est si forte, qu'il m'a été nécessaire, pour la développer, d'employer une seringue de 1 litre environ de capacité. Souvent le piston devait être poussé au-delà du milieu du corps de la seringue, et, dans ces moments, la pression dans la canule était certainement supérieure à 2 atmosphères.

Il est préférable d'examiner dans ces cas les animaux à la lumière transmise. On peut alors ordinairement, grâce à la transparence de ces petits êtres, voir battre le cœur, après que la piqûre a été faite, autour des parois de la canule. On ne peut alors avoir de doute sur le chemin que suivra l'injection. Lorsque la pointe de la canule a pénétré dans le cœur, l'opérateur n'a qu'à commander à l'aide qui tient la seringue de pousser vivement ou lentement, selon les cas. Lorsqu'une quantité suffisante de liquide est entrée dans les vaisseaux, il fait cesser toute pression et retire la canule. L'animal injecté peut être porté dans la glycérine.

On objectera qu'il serait plus simple d'employer un appareil à pression continue. J'en ai fait l'essai et n'en ai pas retiré de bons résultats. Ils exigent une trop grande quantité de masse, et cet inconvénient devient un empêchement sérieux lorsque cette masse est formée, comme c'est le cas, de granulations qui se séparent rapidement du liquide qui les tient en suspension. C'est un grand avantage, en outre, de pouvoir modérer ou augmenter la pression à sa volonté selon les besoins de l'injection, que l'on voit progresser sous ses yeux.

Je dois payer ici un tribut de reconnaissance au laboratoire de Roscoff, où j'ai trouvé non seulement tous les instruments nécessaires, mais encore, dans la personne du gardien du laboratoire et patron des embarcations, M. Charles Marty, un aide intelligent et dévoué, dont l'adresse m'a été d'un très grand secours.

III

Pour donner une idée de la manière dont sont répartis dans l'ordre des Edriophthalmes les animaux dont j'ai étudié l'appareil circulatoire, j'ai pensé qu'il ne serait pas inutile de présenter ici un tableau des familles de cet ordre, avec les noms des principaux genres qui les composent.

Les noms en italique sont ceux des animaux que j'ai choisis comme types dans les diverses familles pour en faire une étude spéciale.

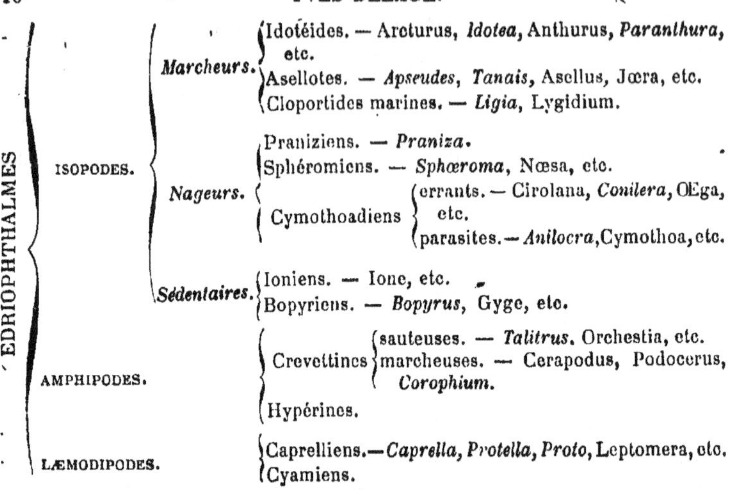

Ce travail a été fait au laboratoire de Roscoff où, pendant toute la belle saison de deux années consécutives, j'ai été appelé, par la confiance du Directeur, à diriger le laboratoire pendant que l'état de sa santé le tenait éloigné du bord de la mer. Aussi l'on comprendra que mes recherches ayant été faites seulement dans cette localité, c'est-à-dire sur un point très limité du littoral français, je n'ai pu me procurer tous les types d'Edriophthalmes. Les Hypérines, par exemple, ne se rencontrent que très rarement. Les Cyamiens font complètement défaut. Quant aux Cloportides terrestres, le titre de ce mémoire les excluait de mes études.

Mais, en dehors de ces deux exceptions, il n'est pas un groupe important d'Edriophthalmes dont je n'aie pu étudier un type, et cela sur un nombre d'individus si considérable, qu'il m'a été facile de vérifier les faits aussi souvent que cela m'a paru nécessaire. Ce sont là des conditions très avantageuses que j'ai trouvées réunies au laboratoire de Roscoff.

I. ISOPODES.

HISTORIQUE [1].

Il serait inutile de remonter au-delà d'une soixantaine d'années

[1] Pour nous conformer aux habitudes, nous avons dû placer cet historique au commencement du chapitre, mais nous conseillons au lecteur de ne le lire qu'après avoir pris connaissance du mémoire, car nous serons forcé d'employer des termes et de faire allusion à des faits qui ne recevront que plus loin leur explication.

dans les recherches bibliographiques relatives au sujet qui nous occupe.

Les anciens auteurs, qui savaient fort peu de chose sur la circulation des Crustacés supérieurs, n'avaient aucune idée de la manière dont s'accomplissait cette fonction chez les Edriophthalmes.

Desmarest, dans ses *Considérations générales sur la classe des Crustacés*, publiées en 1825, ne mentionne même pas l'existence d'un cœur chez ces êtres.

Cependant on connaissait, à son époque déjà, quelque chose au moins des parties principales des organes de la circulation.

Dès 1816, Treviranus (I)[1], avait signalé chez l'*Asellus aquaticus* et chez le *Porcellio scaber* la présence d'un vaisseau dorsal situé dans l'abdomen et prolongé dans le thorax en une artère céphalique.

Audouin et Milne Edwards (II) en 1827, sont les premiers qui aient donné quelques détails sur l'appareil circulatoire des Isopodes. Ils ont parfaitement reconnu chez la *Ligia* le cœur et les principaux vaisseaux qui en partent, savoir : une artère céphalique, deux artères latérales nées, comme elle, de la pointe du cœur et quelques artères destinées aux pattes. Ils ont vu également quelques rameaux des aortes inférieures, mais, par suite d'une interprétation erronée, ils ont cru que ces petits vaisseaux venaient des branchies et débouchaient dans le cœur pour déverser dans sa cavité le sang qui avait respiré. Leurs injections n'étaient pas très parfaites et ne leur permettaient pas de suivre bien loin les ramifications vasculaires, sans quoi ils auraient vu que leurs prétendus *vaisseaux branchio-cardiaques* se ramifiaient et se perdaient dans les muscles de l'abdomen. Il n'existe pas en effet de vaisseaux *branchio-cardiaques*, mais bien des vaisseaux *branchio-péricardiques* très larges, qui ne méritent rien moins que le nom de *petits canaux* que donnent les auteurs aux vaisseaux qu'ils ont vus. Les descriptions d'Audouin et Milne-Edwards ne sont pas accompagnées de figures.

Malgré ses imperfections, ce travail est resté longtemps le plus complet et le plus exact, et pendant près de quarante années, les auteurs qui ont traité le même sujet n'ont ajouté que fort peu de détails à ceux qu'avaient fait connaître ses auteurs.

---

[1] Les chiffres romains renvoient à l'*Index bibliographique* placé à la fin du mémoire.

Brandt et Ratzeburg (IV), en 1833, firent un peu avancer la question en signalant quelques ramifications des artères latérales et une en particulier destinée aux viscères. Mais ils la firent reculer en donnant à entendre que le sang arrivait aux branchies par des vaisseaux partis du cœur et retournait des branchies au cœur par d'autres vaisseaux parallèles aux premiers. Audouin et Milne-Edwards, au contraire, avaient fort bien vu et prouvé que le sang qui arrive aux branchies vient des lacunes dans lesquelles il a été déversé par les artères de l'animal.

Les travaux de Rathke (IX), en 1843, n'ajoutèrent rien aux faits déjà connus. L'auteur vit sur les genres *Idothea* et *Œga*, comme ses prédécesseurs, le cœur et l'origine des principaux vaisseaux et reproduisit, au sujet des plus reculés vers l'abdomen, l'interprétation d'après laquelle ces vaisseaux *apporteraient au cœur* du sang venu des branchies.

Dans deux mémoires publiés, l'un en 1843 et l'autre en 1854, A. Lereboullet (X et XII), énonça les mêmes faits que Audouin et Milne-Edwards. Il vit comme eux l'artère céphalique qu'il put suivre jusque dans la tête et dont il aperçut même un commencement de bifurcation. Il reconnut aussi l'origine des artères latérales, qu'il supposa, à tort, destinées uniquement à alimenter les utricules biliaires et les organes génitaux. Enfin il décrivit des vaisseaux branchio-cardiaques débouchant directement dans le cœur. Il est singulier que cet auteur n'ait pas été éclairé par une observation qu'il relate dans son dernier mémoire et dans laquelle il a vu, sur des individus jeunes et encore transparents, les boutonnières, latérales du cœur s'ouvrir et se fermer rythmiquement, et même laisser entrer dans le cœur des globules sanguins. Au lieu de conclure de là, comme il le devait, que le sang qui arrive au cœur ne lui est pas apporté par des vaisseaux en continuité de substance avec lui, il préfère, par une interprétation inconcevable, admettre que les choses se passent autrement chez le jeune que chez l'adulte.

En 1855, Leydig (XIII), dans un travail de plus de cent pages sur l'anatomie des Arthropodes, ne dit presque rien de la circulation des Edriophthalmes. Il confond sa description avec celle des Arachnides et paraît admettre que le cœur a une paroi, mais qu'en dehors de lui le sang circule dans les interstices organiques et dans les lacunes du tissu cellulaire. C'est là un recul, et une négation des faits positifs connus à cette époque.

Il faut arriver au mémoire publié en 1864, par Kowalewsky (XIX), sur l'appareil circulatoire de l'*Idothea entomon*, pour trouver un réel progrès sur les travaux de Milne-Edwards et Audouin. Ce n'est qu'après bien des recherches infructueuses dans toutes les bibliothèques de Paris que j'ai pu me procurer ce mémoire. Nicolas Wagner, bien placé cependant pour connaître les travaux de ses compatriotes, avoue ne l'avoir pas lu, et tous les auteurs qui en parlent sont évidemment dans le même cas, car ils donnent à son sujet des indications bibliographiques inexactes ou incomplètes. Je crois donc qu'il ne sera pas sans intérêt d'en donner ici une analyse détaillée [1].

L'auteur explique d'abord qu'il a étudié l'appareil circulatoire de son Idothée en l'injectant avec une masse à la gélatine colorée au bleu de Prusse. Il avait soin de lier le cœur sur sa canule, et je crois que cette précaution lui a été plus nuisible qu'utile, car la ligature endommage nécessairement les tissus, et l'on verra que nos injections, bien qu'elles aient été faites sans ligature préalable, ont été plus pénétrantes que les siennes.

Après avoir décrit le cœur, ses limites et sa position, il dit que cet organe reçoit par cinq canaux venant des branchies le sang qu'il doit lancer dans les artères. Ainsi Kowalewsky est tombé dans l'erreur commune au sujet des vaisseaux branchio-cardiaques et il a pris pour afférentes par rapport au cœur les branches qui en partent et qui sont les rameaux des artères abdominales.

La meilleure partie de son travail, celle dont les auteurs dont nous aurons encore à parler n'ont pas dépassé ni même atteint l'exactitude, est celle qui est relative au système artériel du thorax. Il décrit fort bien les trois artères des septième, sixième et cinquième anneaux et l'artère latérale qui fournit aux quatre premiers. Il a vu les riches ramifications que ces artères envoient aux muscles et au chorion sous-jacent aux téguments chitineux, et le rameau ventral fourni par chacune d'elles au moment d'entrer dans la patte n'a pas échappé à sa perspicacité. Il décrit également, quoique avec quel-

---

[1] Ce travail est écrit en russe et sa possession ne m'aurait pas été très utile sans l'obligeance d'un élève du laboratoire, M. Deniker, qui a bien voulu m'en faire la traduction.

ques omissions, l'aorte et ses principales ramifications. Cependant, il ne mentionne ni les artères ophthalmiques et cérébrales, ni le rapport remarquable qu'affecte l'aorte avec le collier nerveux périœsophagien, ni surtout le collier périœsophagien vasculaire. En revanche, il décrit l'artère prénervienne et le rapport de cette artère avec la chaîne nerveuse ne lui a pas échappé. Ici, je crois utile de citer ses propres phrases.

« Après avoir ôté, dit-il, tous les intestins et tous les muscles d'un animal injecté, nous trouvons un grand vaisseau qui court, tout le long du corps, sous la chaîne ventrale et les vaisseaux qui y aboutissent sont ceux que j'ai décrits dans les cinquième et sixième anneaux (fig. 17, B, II). » On pourrait croire, d'après cela, que l'auteur n'a vu les branches ventrales, des artères thoraciques que dans deux anneaux ; mais une figure spécialement destinée à montrer le vaisseau ventral supplée à l'insuffisance de la description. Je reprends la citation : « Ce vaisseau ventral conduit le sang vers les branchies et donne une petite branche à la verge. Il arrive dans les branchies par leur côté interne, et, sur la figure 8, nous voyons le vaisseau (a) qui naît du vaisseau inférieur et qui amène le sang vers le cœur, et le vaisseau (b) qui amène le sang des lames branchiales vers le cœur. » Nous avons longtemps cherché à comprendre le sens de cette phase obscure, rendue plus incompréhensible encore par le fait que la figure 8 n'est pas accompagnée des lettres indiquées dans le texte. L'auteur semble dire d'abord que le vaisseau ventral conduit le sang aux branchies, puis il ajoute que des ramifications (a) de ce vaisseau le conduisent au cœur, qui recevrait alors le sang du vaisseau ventral, en partie directement par le vaisseau (a), en partie par l'intermédiaire de la branchie au moyen du vaisseau (b). Si l'auteur a admis cette idée si singulièrement erronée, il faut qu'il ait cru voir des anastomoses entre les ramifications du vaisseau ventral et celles des aortes abdominales qu'il a prises, à tort, pour des vaisseaux branchio-cardiaques. Il serait possible que le texte, qui d'ailleurs paraît avoir été écrit très rapidement et qui n'est pas accompagné d'*errata*, comme les autres mémoires de l'ouvrage, contînt une faute. L'auteur a peut-être voulu dire que le vaisseau (a) conduisait le sang à la branchie et que le vaisseau (b) le ramenait au cœur. Dans cette hypothèse, il y aurait encore erreur, car le sang qui arrive à la branchie pour y respirer vient des lacunes, mais l'erreur serait plus compréhensible, car les branches du vaisseau ventral vont aux branchies et se ramifient dans les muscles de leurs pédoncules, dont elles sont les artères nourricières.

L'auteur fait en terminant les remarques suivantes : « L'injection, dit-il, poussée par le cœur en avant, c'est-à-dire à travers tout le corps, introduit la masse par le vaisseau (*a*) dans le côté interne des branchies, et il ne m'a jamais été donné de réussir à amener la masse par les branchies de nouveau dans le cœur, tandis que les injections poussées du vaisseau dorsal vers les branchies introduisaient la masse dans le vaisseau (*b*). Par ce dernier procédé, les injections pénètrent rarement et pas dans tous les vaisseaux. Cela peut s'expliquer par le fait qu'au niveau des ouvertures des vaisseaux qui amènent le sang des branchies dans le cœur, il existe des valvules, dont cependant je n'ai pu prouver l'existence. Cependant on peut réussir souvent à injecter les branchies des deux côtés. »

Celui qui possède la clef de la circulation des Isopodes peut se rendre parfaitement compte de ce qui se passait dans les injections auxquelles ce passage fait allusion. Quand l'auteur poussait l'injection vers la tête, l'artère ventrale se remplissait et les vaisseaux (*a*) également, mais aussi les lacunes, et c'était par elles que le sang arrivait aux vaisseaux internes des branchies, et ces vaisseaux eussent été encore bien mieux remplis si le zoologiste russe avait simplement piqué au hasard dans les lacunes du corps. Dans le second cas, lorsque l'injection était poussée vers les branchies, les vaisseaux externes de celles-ci se remplissaient rarement par suite de la précaution même que prenait l'opérateur de lier sa canule sur le cœur. Les quelques gouttes qui s'échappaient malgré lui dans le péricarde arrivaient aux vaisseaux externes, qu'il eût remplis bien plus facilement en poussant son injection dans le péricarde même à côté du cœur.

En résumé, dans cet intéressant mémoire, qui eût beaucoup gagné à être revu par son auteur avec plus de soin, pour faire concorder les lettres des planches avec les renvois du texte, nous trouvons des faits précis et nouveaux, des omissions et des erreurs.

Les faits positifs consistent dans la description exacte du cœur, de l'aorte, des artères thoraciques et du système ventral.

Les omissions sont relatives à l'anneau vasculaire périœsophagien que l'auteur n'a pas vu, à sa continuité avec l'artère prénervienne qu'il n'a pas pu suivre dans la tête, aux aortes abdominales dont il n'a pas reconnu la distribution, aux fentes cardio-péricardiques, au péricarde, etc., et à bien d'autres points moins importants qu'il serait trop long d'énumérer.

Enfin, les erreurs sont relatives à l'existence des prétendus vaisseaux branchio-cardiaques, et aux vaisseaux afférents des branchies, que l'auteur fait venir de l'artère ventrale. Ces erreurs viennent sans doute de ce que, séduit par la richesse des ramifications artérielles, il n'a pas songé que des lacunes pouvaient coexister avec une telle abondance de vaisseaux fermés.

Le mémoire de Nicolas Wagner (XXII) sur l'appareil circulatoire du Porcellion, postérieur d'une année seulement (1865) à celui de Kowalewsky sur l'Idotée, est sans contredit le plus complet qui ait encore paru sur le sujet qui nous occupe. Malheureusement, les Porcellions sont des Isopodes terrestres et nous serons plus d'une fois embarrassé pour savoir si nous devrons attribuer certains faits à la différence des types ou bien à des erreurs ou à des omissions de l'auteur.

Le cœur, contenu en partie dans le thorax, en partie dans l'abdomen [1], émet dans sa région antérieure quatre paires d'artères latérales et une aorte médiane. Les trois paires postérieures sont destinées aux trois paires de pattes les plus reculées, la paire antérieure fournit aux quatre autres paires de pattes et à la glande génitale. L'artère médiane ou aorte monte dans la tête et donne une branche au ganglion cervical. « En atteignant le bord antérieur de la tête, l'aorte se bifurque et embrasse par deux artères l'œsophage ; les artères se prolongent au-dessous de cet organe jusqu'au bas de la tête et là elles se réunissent pour former une anse, laquelle fournit plusieurs paires de vaisseaux qui distribuent le sang dans les organes adjacents, savoir : dans les antennes, les yeux, les parties de la bouche et enfin dans le ganglion sous-œsophagien. De la partie postérieure et la plus profonde de cette anse naît une petite artère impaire qui

---

[1] D'après N. Wagner, le corps tout entier de l'Isopode correspondrait au céphalothorax des Décapodes et l'abdomen de ceux-ci n'aurait pas d'homologue chez ceux-là. L'auteur se fonde dans ces assimilations sur la nature des viscères contenus. L'abdomen de l'Isopode, contenant le cœur et les branchies, représenterait, par cela même, la région postérieure du céphalothorax du Décapode qui contient les mêmes parties. Une pareille assertion ne peut être admise et le principe sur lequel elle repose doit être absolument rejeté. Dans la comparaison des segments du corps on doit se guider sur les numéros de ces segments et sur leurs appendices, et non sur les viscères qu'ils contiennent.

sort de la tête pour se ramifier dans le thorax, sur les appendices hépatiques. Peut-être cette branche envoie-t-elle aussi une branche au cordon nerveux, mais l'injection ne me l'avait jamais démontrée. »

En lisant cette description et en la comparant aux figures qui l'accompagnent, je me demande si l'auteur a bien vu le collier vasculaire périœsophagien ou si son anneau artériel n'est pas le résultat de quelque anastomose de second ordre entre les artères des faces dorsale et ventrale de la tête. Son anneau, en effet, au lieu d'être, comme celui de tous les Isopodes que nous décrirons plus loin, formé de deux branches grosses, courtes, d'un contour très ferme, *enserrant étroitement l'œsophage*, est lâche, onduleux, irrégulier et à peine supérieur par son calibre aux branches qu'il émet. En outre, l'auteur ne parle pas des rapports si remarquables de l'aorte et de son anneau avec le collier nerveux œsophagien.

N'existe-t-il chez le Porcellion ni artère prénervienne ni artères ventrales? L'auteur n'y fait aucune allusion. Il nous semblerait cependant singulier que le Porcellion, Isopode élevé en organisation et qui n'est pas très éloigné de la Lygie par exemple, fût entièrement dépourvu de ces deux systèmes de vaisseaux. Nous verrons en effet qne, lorsque l'un manque, il est toujours remplacé par un développement plus considérable de celui qui a persisté.

Dans la région postérieure ou abdominale, le cœur serait en connexion, d'après l'auteur, avec quatre paires de vaisseaux, deux centrifuges, destinés aux muscles et aux organes glandulaires du voisinage, et deux centripètes, chargés de ramener au cœur le sang qui a respiré dans les branchies.

Nous voyons donc encore ici se reproduire cette vieille erreur qui consiste à croire que le sang des branchies est amené directement au cœur par des vaisseaux en continuité de substance avec cet organe.

Il est facile de reconnaître, en scrutant les figures et les descriptions, que l'auteur a pris pour vaisseaux branchio-cardiaques les dernières branches des aortes abdominales qui, chez les Lygies, répondent à peu près à sa description.

Wagner a cependant vu les orifices latéraux du cœur et en a compté trois paires, mais il a cru que le sang qui entrait dans le cœur par cette voie venait des lacunes du corps et nullement des branchies.

A côté de l'erreur de ceux qui ont cru voir des vaisseaux branchio-cardiaques en connexion immédiate avec le cœur, une autre a surgi, moins éloignée peut-être de la vérité que la première, et qui n'a jamais encore été relevée. C'est celle qui consiste à penser que le sang qui revient des branchies retourne au cœur par des lacunes semblables à celles que l'on trouve partout dans le corps. Cette idée, émise pour la première fois par Sars, règne aussi dans les mémoires du seul auteur dont nous ayons encore à analyser les travaux.

Sars (XXIV), qui a donné en 1867 une description assez détaillée de l'appareil circulatoire de l'*Asellus aquaticus*, dit en effet formellement que « le sang retournant au cœur, qui partout ne forme que des courants lacunaires, y est reçu par des ouvertures fissiformes laté-rales disposées deux à deux ».

Toute la partie de ce travail relative au système artériel est d'ail-leurs très exacte et assez complète, à l'exception de ce qui concerne le collier vasculaire périœsophagien, l'artère prénervienne et le système ventral, dont l'auteur ne fait aucune mention.

Il ne nous reste plus à parler, pour avoir achevé de parcourir la série des travaux relatifs à la circulation chez les Isopodes, que de deux mémoires, sortis l'un et l'autre la même année, en 1870, de la plume de Dohrn (XXVI et XXVII).

Dans l'un de ces mémoires, le directeur de la station zoologique de Naples décrit l'appareil circulatoire de la *Paranthura Costana*. Le cœur, selon lui, donne naissance aux artères des deux derniers an-neaux thoraciques et à une paire d'artères latérales d'où partent les branches des cinq anneaux antérieurs. Entre ces deux artères laté-rales naît l'aorte, que l'opacité des tissus (car l'auteur n'a pas fait d'injections) n'a pas permis de suivre au-delà de la base de la tête. Outre les artères principales destinées aux pattes, on trouve dans chaque anneau un rameau né, soit de ces artères, soit de l'aorte, qui se répand en ramifications dans l'hypoderme. L'une de ces ra-mifications se porterait vers la chaîne ganglionnaire en cheminant *dans l'intérieur* du nerf qui se rend de cette chaîne à la patte corres-pondante, et se diviserait dans les ganglions nerveux. Puis ces rami-fications perdraient leurs parois et déverseraient leur contenu dans le *courant veineux* placé entre la chaîne nerveuse et la paroi ventrale.

Celui qui aura lu notre travail avant de parcourir cet exposé historique, reconnaîtra certainement dans les descriptions précédentes les artères ventrales et le vaisseau prénervien que Dohrn a vus, mais a mal compris, plaçant les premières *dans l'intérieur* des nerfs et faisant du second un courant veineux sans parois.

Quant à la continuité du vaisseau ventral avec l'aorte dans la tête, par l'intermédiaire d'un collier périœsophagien, qui est le trait le plus remarquable de l'appareil circulatoire des Isopodes, elle a complètement échappé à ses investigations.

En résumé, peu de choses dans ce mémoire, qui contient à côté de quelques erreurs et de graves omissions la description d'un appareil artériel certainement moins riche que celui que Kowalewsky nous a fait connaître chez l'Idotée.

Dans l'autre mémoire, qui est relatif aux Pranizes, Dohrn, poursuivant ses investigations à l'aide du microscope seulement, décrit le cœur et un certain nombre d'artères dont l'énumération est incomplète et qu'il fait terminer par la perte de leurs parois sur les parties latérales du corps, assertion erronée, comme on le verra par la suite. Mais, en revanche, il annonce pour la première fois l'existence autour du cœur d'un péricarde faisant fonction d'oreillette.

Conclusion. — Dans l'histoire de l'appareil circulatoire des Isopodes, quatre découvertes principales marquent autant d'étapes dans le progrès de nos connaissances.

La première est celle des lacunes faisant suite aux artères et conduisant le sang aux branchies. Nous en sommes redevables à Milne-Edwards et Audouin.

La deuxième est celle d'un système artériel développé, admirablement riche en fines ramifications et dans la constitution duquel entrent les artères ventrales et le vaisseau prénervien. L'honneur en revient à Kowalewsky, bien qu'il n'ait peut-être pas saisi toute l'importance de ces derniers faits.

La troisième est celle des fentes latérales du cœur, entrevues une fois par Lereboullet, et démontrées par Sars, qui comprit le premier leur rôle relativement à l'entrée dans le cœur du sang venant des branchies.

La dernière enfin est celle du péricarde : elle appartient à Dohrn.

Certains faits non moins importants, croyons-nous, savoir : la présence de l'anneau périœsophagien vasculaire, la distribution exacte de l'artère prénervienne dans l'abdomen, la communication du péricarde en un point précis avec les lacunes de l'animal, l'existence des sinus thoraciques et surtout celle du sinus abdominal, celle des aortes abdominales et bien des détails d'importance moins grande, ressortiront de notre travail ·et nous croyons pouvoir en réclamer pour nous la priorité.

Après cette rapide analyse des travaux relatifs à la circulation chez les Isopodes, passons à l'exposition de nos propres recherches.

Malgré les répétitions auxquelles nous serons peut-être entraîné par la ressemblance des êtres, il nous paraît utile d'exposer en détail la constitution de l'appareil circulatoire de la plupart de ceux que nous avons étudiés. Nous ferons de chacun d'eux une sorte de monographie, au point de vue restreint auquel nous nous sommes placé, espérant compenser la monotomie inhérente à ces sortes de descriptions, par les facilités que trouvera celui qui serait tenté de refaire ces recherches ou de les étendre à des animaux voisins.

Nous ne nous astreindrons pas à suivre l'ordre des familles tel qu'il est établi dans le tableau que nous avons donné plus haut. Il nous paraît préférable de commencer par un groupe réunissant le plus possible les caractères principaux des Isopodes et pouvant en être considéré comme le type le plus parfait. La famille des Cymothoadiens nous a paru réunir ces conditions. Puis nous passerons aux familles des Sphéromiens, des Cloportides et des Idotéides, réservant pour la fin les familles aberrantes auxquelles appartiennent les Bopyres et les Pranizes. Quant aux Asellottes hétéropodes, nous dirons en temps et lieu pourquoi nous leur avons fait une place à part.

CYMOTHOADIENS.

CYMOTHOADIENS PARASITES, ANILOCRA MEDITERRANEA (LEACH).

(Pl. I et II.)

Malgré son nom spécifique, et, bien que Sp. Bate et Westwood ne l'aient pas rencontrée sur les côtes de l'Angleterre, l'Anilocre de Roscoff est, je crois, identique à celle de la Méditerranée. Elle vit en parasite sur les *vieilles* (différentes espèces des genres *Labrus* et *Crenilabrus*) sur lesquelles elle se fixe, au moyen de ses griffes ancreuses, immédiatement en arrière de l'œil. C'est la femelle qu'on remarque tout d'abord, le mâle, plus petit des trois quarts, est ordinairement fixé à côté d'elle.

On se procure facilement les *vieilles* en fouillant avec un avanneau dans les prairies de Zostères qui s'étendent sous les fenêtres mêmes du laboratoire. Ces prairies, que les gens du pays appellent *herbiers*, couvrent et découvrent à chaque oscillation de la marée et les *vieilles* se retirent dans les dépressions où l'eau séjourne à mer basse. C'est là qu'on les rencontre, et il est rare que, sur une douzaine de ces animaux, il n'y en ait pas un ou deux qui portent un couple d'Anilocres.

Dans ses principaux traits, la circulation chez l'Anilocre, comme d'ailleurs chez tous les Isopodes, a lieu de la manière suivante : le sang partant du cœur est lancé dans les artères ; des artères il passe dans les lacunes et dans les sinus veineux ; ces derniers le conduisent aux branchies, d'où il retourne au péricarde et au cœur par des vaisseaux branchio-péricardiques. Nous aurons donc à décrire successivement : 1° le cœur et le péricarde, 2° le système des artères, 3° le système veineux, 4° la circulation branchiale, 5° enfin les vaisseaux branchio-péricardiques.

Cœur et Péricarde.

Le *cœur* (fig. 1 et 8, *c*) est un canal court et large situé en partie dans l'abdomen, en partie dans le thorax. Il s'étend depuis le bord supérieur du sixième article abdominal jusqu'à la partie moyenne du septième article thoracique [1].

Par rapport aux autres systèmes, il est, comme toujours, absolument dorsal et n'est séparé de l'enveloppe chitineuse que par le chorion qui la double, et par une mince couche musculaire. A son niveau, les téguments forment une voussure qui se révèle à l'extérieur le long de la ligne médiane, par une sorte de carène mousse.

Son extrémité inférieure, terminée en cul-de-sac, est reliée aux parties voisines par deux petites bandelettes; la supérieure est rattachée aux tissus voisins par les artères qui en partent. Il existe en outre un certain nombre de tractus solides, quoique très ténus, qui se portent de sa surface aux parois du péricarde.

---

[1] Dans toutes nos descriptions nous supposons l'animal placé verticalement, la tête en haut, l'abdomen en bas, le ventre en avant, le dos en arrière.

Parmi ces brides, les unes sont disposées un peu irrégulièrement sur la partie dorsale, les autres, au nombre de dix, formant cinq paires, suivent deux lignes longitudinales symétriques et s'insèrent au péricarde en arrière de la série des orifices branchio-péricardiques, dans sa cavité (fig. 8). Mais le principal moyen de fixité du cœur est sa soudure intime avec le péricarde et avec les tissus qui le séparent du rectum, par toute l'étendue de sa face antérieure. Il en résulte que le péricarde n'entoure pas le cœur de toutes parts, mais seulement en arrière et sur les côtés.

Examiné à l'œil nu ou à l'aide d'une simple loupe, le cœur paraît strié transversalement, ou plutôt formé de fibres enroulées en spirale dextre. Le microscope montre que ces fibres transversales sont musculaires et qu'il en existe en outre de moins nombreuses dirigées longitudinalement. Les fibres spirales sont contiguës et ferment partout la cavité du cœur, excepté en deux points où, s'écartant légèrement, elles ménagent deux boutonnières qui font communiquer le cœur avec le péricarde. Aux environs de ces boutonnières, le tissu cardiaque est plus épais, mais à leur niveau il s'amincit brusquement et forme, aux dépens de la face interne, une dépression losangique limitée par des fibres plus saillantes. Cette dépression constitue une sorte de vestibule au fond duquel s'ouvre la boutonnière. Celle-ci est limitée par deux fibres musculaires qui, unies entre elles à leurs extrémités, sont susceptibles de s'écarter au niveau de leur partie moyenne. Pendant la diastole cardiaque, elles s'ouvrent, laissent pénétrer le sang qui vient du péricarde, tandis que pendant la systole, les deux fibres musculaires qui la limitent, se contractent comme les autres et, s'accolant entre elles, interceptent toute communication.

Cette fermeture est assurée par un faisceau musculaire appartenant au système longitudinal, qui passe sur le vestibule et sert probablement à fermer son entrée. Mais je n'ai pu vérifier ce fait *de visu*. Ajoutons encore, quoique l'histologie du cœur sorte un peu de notre sujet, que les fibres musculaires constituantes de cet organe sont réunies par une et peut-être par deux membranes très minces de tissu cellulaire.

Les boutonnières cardiaques ainsi constituées |sont situées aux extrémités du tiers moyen du cœur, l'inférieure à gauche, la supérieure à droite (fig. 1, o). Je ne saurais affirmer qu'il n'en existe pas d'autres, bien que je les aie cherchées vainement.

Le *péricarde* (*p*) n'est pas constitué par une membrane isolable. Il est creusé comme avec une gouge dans le tissu musculaire de l'abdomen. Parfaitement limité sur les parties latérales, il communique en haut avec les lacunes du chorion de la région dorsale de l'animal.

Je n'ai jamais observé directement chez l'Anilocre l'entrée dans le péricarde des globules du sang qui errent dans les lacunes ; mais chez un autre Cymothoadien, la Conilère, je l'ai observée maintes fois et je reviendrai sur ce point en parlant de ce dernier animal. L'observation de ce fait chez un Isopode si voisin, jointe aux résultats de l'injection, me permet d'affirmer l'existence de cette communication. Si, en effet, on injecte une Anilocre par le vaisseau efférent d'une branchie, comme nous l'avons indiqué dans l'introduction, quels que soient les ménagements que l'on emploie, toujours une certaine quantité de liquide pénètre sous les anneaux chitineux de la face dorsale et tache le chorion sous-jacent. Chez la Conilère, qui est plus transparente, on peut même voir les lacunes de ce chorion s'injecter de proche en proche, de bas en haut, à partir du point le plus élevé du péricarde.

Le péricarde communique donc, dans sa partie la plus élevée, avec les lacunes veineuses de la région dorsale et par leur intermédiaire avec tout le système veineux. Mais nous verrons que, chez la Conilère, le nombre des globules qui entrent dans sa cavité par cette voie est peu considérable et il est naturel de penser qu'il en est de même chez l'Anilocre. Quoi qu'il en soit, et si faible que soit la quantité de veineux sang qui vient altérer la pureté du sang artériel, le mélange des deux sangs a lieu, et, au point de vue anatomique, la chose est très importante. Le péricarde se prolonge donc dans les lacunes veineuses de la région dorsale, ou plutôt, il n'est qu'une *cavité créée aux dépens de ces lacunes, par la fusion d'un grand nombre d'entre elles ensemble, et il n'a pu s'individualiser au point de fermer toute communication avec elles.* Ces communications existent encore à son extrémité supérieure.

L'extrémité opposée se prolonge en un long vaisseau qui suit la ligne médiane du telson (fig. 1 *et*).

Nous avons vu plus haut qu'il est soudé au cœur sur la ligne médiane antérieure. Le long des bords de cette soudure s'ouvrent dans sa cavité dix gros vaisseaux branchio-péricardiques (fig. 1 et 8, *bp*). Ces dix orifices (fig. 1, ω), aussi bien que celui du vaisseau qui prolonge le péricarde dans le telson, sont dépourvus de valvules.

Système artériel.

Dans la région supérieure du cœur, neuf artères prennent naissance, huit sont symétriques et forment quatre paires, la neuvième est impaire et médiane. Cette dernière est l'aorte, qui mériterait mieux le nom *d'artère céphalique*, car elle se rend à la tête et aux organes des sens.

Les trois artères paires les plus inférieures (fig. 1, *t*) appartiennent aux septième, sixième et cinquième anneaux et constituent les trois dernières artères thoraciques. Elles se rendent à leurs destinations respectives, la première à peu près horizontalement, les deux autres en suivant un trajet oblique en haut et en dehors. Nous reviendrons plus loin sur ces artères auxquelles s'applique une description commune. Signalons seulement un rameau que la première envoie, dès son origine, à une grosse glande paire, adhérente au rectum à ce niveau, et qui est probablement l'organe rénal. Ce rameau, que je n'ai pas représenté, se ramifie dans la moitié correspondante de la glande et s'anastomose avec celui du côté opposé.

La quatrième des artères paires qui naissent du cœur (fig. 1 et 7, *l*) monte parallèlement à l'aorte, et si rapprochée d'elle, qu'au premier coup d'œil elle semble former avec elle et son homologue du côté opposé une seule grosse artère médiane : nous l'appellerons *artère latérale*. Arrivée dans le premier anneau thoracique, elle se porte brusquement en dehors vers l'origine de la première patte dans laquelle elle se termine.

Dans son trajet ascendant cette *artère latérale* fournit des branches collatérales nombreuses et importantes.

a). Dans les deuxième, troisième et quatrième anneaux elle fournit pour les pattes correspondantes les quatre premières artères thoraciques (*t*) qui se rendent presque transversalement à leur destination.

b). Entre les artères des deuxième et troisième pattes elle fournit l'artère hépatique (*h*). Le point d'origine de cette dernière est parfois situé entre les branches des troisième et quatrième membres, la disposition pouvant même varier d'un côté à l'autre chez le même individu. Cette artère hépatique, courte et grosse, se porte en dehors, croise un ou deux des tubes hépatiques et, arrivée à l'un des interstices qui les séparent, elle se divise en deux branches qui suivent toute la longueur de cet interstice, l'une en montant, l'autre en descendant. Cette dernière émet, près de son origine, un rameau qui gagne l'interstice voisin et s'y comporte comme l'artère hépatique dans le premier.

Il résulte de là que chaque tube hépatique est accompagné par deux artères qui le suivent dans toute sa longueur et que chaque artère est commune à deux tubes hépatiques.

Dans leur trajet, ces artères principales lancent à droite et à gauche des ramifications transversales qui entourent ces tubes glandulaires et déterminent sur eux une constriction qui est la cause de l'aspect móniliforme qu'ils présentent même à l'œil nu. Tous ces rameaux transversaux (fig. 9) fournissent, presque parallèlement à l'axe du foie, de fins ramuscules disposés comme les barbes d'une plume et anastomosés entre eux de manière à former un treillage délicat à mailles rectangulaires de la plus grande élégance. Des mailles, déjà si fines, de ce réseau se détachent des ramifications encore plus ténues. La figure 9 de la planche II représente ce foie injecté et dessiné à la chambre claire à un grossissement de près de 100 diamètres. Ainsi irrigué, le foie se trouve être l'organe le plus vasculaire de tout l'animal et cette vascularité est certainement en rapport avec une grande activité dans ses fonctions sécrétoires.

c). Entre les branches des quatrième et cinquième pattes naissent de la même artère latérale les rameaux destinés chez la femelle à la glande ovarienne (fig. 1, *g*). Ces rameaux se perdent en fines ramifications dans l'ovaire et offrent cette particularité remarquable, qu'ils suivent dans son intérieur un trajet extrêmement sinueux qui rappelle les artères hélicines que l'on trouve chez les mammifères dans quelques organes soumis à des variations de volume tels que l'ovaire et surtout l'utérus. La comparaison ne peut d'ailleurs pas être poussée plus loin, car ces artères se déploient et deviennent rectilignes dans l'ovaire gonflé d'œufs, tandis que les artères hélicines de l'utérus multiplient leurs sinuosités lorsque cet organe devient gravide.

d). Enfin sur tout leur trajet, les artères dont nous poursuivons la description fournissent au tube digestif de nombreuses et fines branches. Ces branches se jettent immédiatement sur l'intestin et s'y épuisent en ramifications longitudinales qui sont sinueuses, mais à un moindre degré que celles de l'ovaire.

Revenons aux *artères thoraciques* (fig. 1 et 7, *t*), dont nous avons seulement indiqué jusqu'ici le trajet.

Nous avons vu que les quatre premières viennent de l'artère latérale, tandis que les trois inférieures naissent directement du cœur.

Une description commune peut leur être appliquée.

Elles suivent la courbure des anneaux et embrassent dans leur concavité les viscères sous-jacents, mais sans leur abandonner le moindre rameau.

De leur origine à leur entrée dans la patte, elles fournissent de petits ramuscules, disposés d'une façon à peu près régulière et destinés aux muscles extenseurs des anneaux les uns sur les autres, aux muscles moteurs du premier article de chaque patte et au chorion de la région dorsale.

Au moment de plonger dans la patte, chacune d'elles émet trois branches collatérales chez la femelle, deux seulement chez le mâle, et, continuant son trajet, parcourt le membre jusqu'à l'extrémité de l'ongle (fig. 15). Dans l'intérieur de la patte, devenue artère crurale, elle donne de nombreux petits rameaux qui se perdent dans les muscles.

Des trois branches collatérales, l'une est externe, les deux autres internes.

La première (fig. 2 et 7, *ep*), destinée à la région épimérienne, s'y épuise en riches ramifications.

La deuxième se rend à la face antérieure de l'animal (fig. 2 et 7, *v*), dans l'épaisseur des parties molles des téguments de cette région et concourt à la formation du *système artériel ventral*, sur lequel nous aurons à revenir.

Enfin la troisième (fig. 3 et 8, *i*) se rend dans la lame correspondante de la cavité incubatrice. Cependant, il existe à cet égard quelque différence entre les artères des divers anneaux.

La cavité incubatrice est fermée par six paires d'appendices lamelleux correspondant à sept anneaux. La lame du sixième anneau manque et c'est celle du cinquième qui, étant très grande, recouvre, et au delà, l'espace correspondant aux cinquième et sixième anneaux. J'avais cru d'abord que la grande lame du cinquième anneau représentait la fusion des deux lames du cinquième et du sixième. Mais le fait que la sixième artère ne concourt pas à l'irrigation de cette grande lame montre que le sixième anneau est bien réellement dépourvu d'appendice incubateur. La figure 3 de la planche I montre l'ensemble de ces lames injectées. On les voit imbriquées de haut en bas et de droite à gauche, disposition qui est constante. La septième lame est soudée

par son bord inférieur aux téguments et par son bord interne à celle
du côté opposé, et forme, unie à celle-ci, une bande transversale dont
le bord supérieur est seul libre. La même figure montre que la branche principale de chaque lame se bifurque après un court trajet en
deux rameaux, l'un ascendant, l'autre descendant, desquels naissent
successivement les ramifications d'ordre inférieur. Cet appareil d'irrigation, dont la richesse n'a été nullement exagérée dans le dessin,
n'avait pas, je crois, été signalé.

Ces lames n'ayant pas de représentant chez le mâle, les artères
correspondantes manquent dans ce sexe.

Pour achever la description des neuf artères qui naissent de la
partie supérieure du cœur, il ne reste plus à parler que de l'*aorte
supérieure* (fig. 1 et 7, *as*). Cette artère, dont le volume n'est pas supérieur à celui de ses deux voisines, les artères latérales, se porte
directement en haut en suivant le tube digestif, sans fournir aucune
branche jusqu'à son entrée dans la tête. Mais dès qu'elle a dépassé
le premier anneau thoracique, elle émet de chaque côté une petite
branche (fig. 1, *oc*) qui se porte au bulbe oculaire dans lequel elle se
ramifie. Un peu plus haut, elle aborde le cerveau auquel elle fournit
des ramifications, passe dans le collier œsophagien en compagnie de
l'œsophage, mais, tandis que celui-ci se porte en avant vers la bouche, elle continue son trajet ascendant et bientôt se divise en
deux branches terminales. Ces branches se rendent aux antennes
internes (fig. 1, *a*) et fournissent chacune trois rameaux. L'un, insignifiant, se porte en dedans et en haut, vers le front et s'y perd. Les
deux autres, plus considérables, se portent en dehors et en bas,
l'un (*a'*) vers l'antenne externe, l'autre (*oc'*) vers le bulbe oculaire
auquel il se distribue. Quant aux artères des antennes (fig. 10), elles
parcourent ces organes dans toute leur longueur en fournissant de
fins ramuscules dans les divers articles qui les composent.

Telles sont les seules branches que l'aorte paraît fournir lorsqu'on l'examine après l'avoir simplement mise à découvert par la
face dorsale. Mais si, sur un individu finement injecté, on poursuit
profondément dans la tête une dissection attentive, on constate que
l'aorte, immédiatement après avoir franchi le collier nerveux œsophagien, émet par sa face antérieure deux branches très remarquables. Ces deux branches, nées au contact l'une de l'autre, sont grosses

et courtes ; elles contournent l'œsophage qu'elles embrassent étroitement et, se jetant l'une dans l'autre, forment autour de lui un *collier œsophagien vasculaire*, parallèle au collier œsophagien nerveux et situé immédiatement au-devant de lui. Cet anneau vasculaire (fig. 2, *cæ*) n'est pas rond, mais plutôt losangique. Etant perpendiculaire à l'œsophage qui est horizontal (dans la position où nous supposons que l'animal est placé), il est situé dans un plan vertical. De ses quatre angles, un est supérieur, l'autre inférieur, les deux derniers sont latéraux. Le premier correspond à l'aorte au point où elle donne naissance au collier. De chacun des deux angles latéraux part une artère (fig. 2, *oc"*) qui se porte en dehors et se jette dans la masse de tissu en grande partie graisseuse et nerveuse sur laquelle repose l'œil et que nous avons déjà désignée, assez improprement, sous le nom de *bulbe oculaire*. Cette artère, après avoir fourni à l'œil des ramifications, se porte en bas et va se perdre dans le chorion et dans les muscles qui doublent l'arceau sternal du premier anneau thoracique.

C'est la troisième artère que nous voyons ainsi se rendre à l'organe de la vision. La première artère ophthalmique (fig. 1, *oc*) vient de l'aorte au moment où elle pénètre dans la tête ; la seconde (fig. 1, *oc'*) naît de l'artère antennaire ; enfin, la troisième (fig. 2, *oc"*) est celle que nous venons de mentionner. Leurs nombreuses ramifications s'anastomosent dans le bulbe oculaire et y forment un très riche lacis d'artérioles.

Du quatrième angle de notre anneau losangique part une longue et importante artère qui suit toute la face ventrale de l'animal depuis la bouche jusqu'à l'anus. Pendant tout son trajet, elle est située *au-devant du système nerveux*, entre celui-ci et la paroi du corps ; aussi, pour rappeler ces rapports si remarquables, lui donnerai-je le nom d'*artère prénervienne* (fig. 2, 7 et 8, *pn*).

Dans son long trajet, l'*artère prénervienne* fournit latéralement de nombreuses ramifications que l'on peut ranger dans trois catégories :

a). Les branches qu'elle fournit dans la tête sont destinées aux appendices de la bouche. Il y en a quatre paires qui sont, de haut en bas : l'artère de la mandibule (fig. 2, *μ*, et fig. 11) ; l'artère de la première mâchoire (fig. 2, *m*, et fig. 12) ; celle de la deuxième mâchoire (fig. 2, *m'*, et fig. 13) ; enfin celle de la patte-mâchoire (fig. 2, *pm*, et fig. 14). Ces artères, peu volumineuses, plongent immédiatement en avant et se rendent dans les appendices auxquels elles sont destinées ; elles les parcourent jusqu'à leur extrémité en fournissant dans leur trajet des ramifications latérales en rapport avec le développement de ces appendices.

b). Les branches thoraciques de l'artère prénervienne sont nombreuses. Il en existe sept paires principales (fig. 2 et fig. 7, *vp*) correspondant aux milieux des sept anneaux et un certain nombre d'autres, moins volumineuses, situées dans les intervalles des premières.

D'autre part, on se rappelle que les artères des pattes, avant de pénétrer dans ces appendices, fournissaient en dedans, chacune un rameau qui se répandait dans les parties molles sous-jacentes aux téguments de la face ventrale. Ces rameaux artériels (fig. 2 et 7, *vt*) correspondent à ceux (*vp*) qui proviennent de l'artère prénervienne et, s'avançant à leur rencontre, entremêlent leurs ramifications à celles de ces derniers. Il résulte de cette disposition un riche lacis artériel qui occupe toute la face ventrale de l'Anilocre et auquel nous avons cru devoir donner le nom de *système artériel ventral*.

Nous verrons que ce système ventral se retrouve chez tous les Isopodes supérieurs, mais que la part que prennent à sa constitution l'artère prénervienne et les artères thoraciques est variable. Ces deux ordres de ramifications sont en quelque sorte complémentaires l'un de l'autre et l'on pourrait presque caractériser les familles d'Isopodes par les rapports de leur développement.

Les anastomoses qui ont lieu entre les branches ventrales (*vt*) des artères thoraciques et celles (*vp*) de l'artère prénervienne n'ont lieu, dans les six premiers anneaux, que par l'intermédiaire de ramuscules d'ordre inférieur. Mais dans le septième ces deux branches sont volumineuses ; elles se portent à la rencontre l'une de l'autre et s'anastomosent à plein canal (fig. 2). Elles forment ainsi à la base du thorax, avec l'artère prénervienne, une sorte de croix artérielle qui frappe tout d'abord lorsqu'on examine un animal injecté. Des branches de cette croix partent quelques rameaux insignifiants.

Nous verrons plus tard que cette communication des gros vaisseaux de la région dorsale avec l'artère prénervienne est constante, mais qu'elle est très variable par la situation et par le nombre des anastomoses qui servent à l'établir.

c). Arrivée dans l'abdomen, l'artère prénervienne continue son trajet *et*, passant entre les bases des branchies, ¡arrive à l'anus et se divise en deux branches qui l'embrassent dans l'anse qu'elles forment, et se perdent sur ses côtés. Elle émet dans sa portion abdominale, de chaque côté, cinq branches collatérales peu volumineuses, correspondant aux cinq anneaux branchifères. Ces branches se portent obliquement en bas et en dehors vers leurs branchies respectives sans émettre aucune ramification latérale et se terminent exclusivement dans les pédoncules qui portent les lames respiratoires (fig. 2 et 13, *pb*). Aucun filet ne pénètre dans les branchies elles-mêmes et ne s'unit aux vaisseaux fonctionnels de ces organes. Il est évident que ces petites artérioles jouent un rôle purement nourricier et borné d'ailleurs aux parties molles des pédoncules branchiaux.

Pour en finir avec l'artère prénervienne, ajoutons que dans toute son étendue elle fournit au système nerveux qui lui est accolé de nombreuses petites branches. Nous n'avons pas représenté ce détail chez l'Anilocre, mais les figures que nous en donnons pour les genres voisins pourraient presque se rapporter à elle.

Nous avons terminé la description des neuf artères qui prennent naissance dans la région supérieure du cœur, et nous n'avons vu encore aucun vaisseau artériel se rendre dans les puissantes masses musculaires qui occupent l'abdomen. Il en existe cependant, et si nous ne les avons pas mentionnés tout d'abord, c'était pour ne pas encombrer la description.

Le cœur donne naissance, en effet, à une dixième artère dont l'origine se trouve à la face antérieure de cet organe, dans cette portion de son étendue où il n'est pas entouré par le péricarde (fig. 4 et 8, *ai*). Ce vaisseau, que nous appellerons l'*aorte inférieure ou abdominale*, car il nous paraît s'opposer parfaitement à l'aorte thoracique, naît par deux racines très courtes qui, bientôt réunies, donnent naissance à un tronc unique impair et médian. Ce tronc descend dans l'abdomen, entre le cœur, qui est en arrière de lui, et le rectum, qui est en avant. Arrivé à la hauteur du quatrième anneau, il se divise en deux branches terminales qui descendent dans les fausses pattes abdominales et s'y épuisent.

Cinq branches collatérales (fig. 4 et 8, *ab*), correspondant aux cinq anneaux branchifères de l'abdomen, se détachent de l'artère abdominale. La plus élevée provient de la courte racine de l'artère; les trois moyennes tirent leur origine du tronc lui-même; la cinquième a son point de départ sur la branche terminale correspondante. Elles ont une distribution uniforme. Elles se portent en dehors sans sortir de l'anneau auquel elles correspondent et se divisent dans les muscles moteurs des branchies et dans le chorion sous-jacent aux téguments en nombreuses et fines ramifications. Elles abandonnent en outre quelques petits rameaux au rectum.

Les branches terminales de l'aorte inférieure fournissent aussi quelques collatérales. Nous venons de voir que c'était elles qui donnaient naissance à l'artère abdominale du cinquième anneau ; elles donnent au sixième une branche (u) pour ses appendices ou uropodes, et au septième ou telson deux branches (tl) moins remarquables par leur volume que par leur signification, et sur lesquelles nous aurons à revenir. Contentons-nous pour le moment d'en faire la description sans commentaires.

La première (fig. 4) pénètre dans le telson à égale distance de l'anus et de la fausse patte du sixième anneau ; elle s'épuise presque immédiatement en quelques petits vaisseaux fort courts. La deuxième entre dans le même organe au point d'insertion de l'appendice du sixième anneau qui, à ce niveau, est soudé avec lui et, rasant ses bords latéraux, vient se terminer près du sommet. Elle fournit dans son trajet de nombreuses, mais très courtes ramifications.

Si maintenant nous jetons un coup d'œil d'ensemble sur ce système artériel dont le plan a pu échapper au milieu de la description des détails, nous voyons que du cœur naissent dix artères. Huit sont paires et constituent les artères thoraciques dont trois sont isolées et quatre réunies d'abord en une seule, l'artère latérale. Ces artères desservent chacune l'anneau auquel elles appartiennent et prennent part, par une de leurs branches collatérales, à la constitution du système ventral.

Les deux autres sont impaires et médianes. L'une, l'aorte inférieure, fournit à tout l'abdomen ; l'autre, l'aorte supérieure, monte dans la tête, fournit des rameaux aux organes des sens, embrasse l'œsophage dans un cercle étroit et, se réfléchissant, descend en avant de la chaîne nerveuse le long de la ligne médiane ventrale, jusqu'à l'anus, fournissant dans son trajet des ramifications aux appendices de la bouche, à la paroi ventrale du thorax et aux pédoncules des branchies. Si maintenant nous rappelons l'anastomose importante qui a lieu entre l'artère du septième anneau et la portion réfléchie de l'aorte ou artère prénervienne, nous aurons résumé les traits principaux du système artériel si riche et si compliqué de l'Anilocre.

Système veineux.

Il n'existe pas de véritables capillaires. A leurs extrémités les dernières ramifications artérielles, très fines à la vérité, déversent leur contenu dans les lacunes interstitielles des organes. L'espace périviscéral lui-même n'est qu'une grande lacune de ce genre. Il suffit d'examiner au microscope le liquide qu'il contient pour reconnaître que ce liquide est identique à celui que l'on peut puiser dans le cœur.

La grande lacune périviscérale n'occupe que le thorax. Elle est constituée par l'ensemble des intervalles qui résultent nécessairement du contact d'organes plus ou moins arrondis. Cependant ces espaces sont moins considérables qu'on ne serait tenté de le croire au premier abord. Dans la tête et dans l'abdomen les viscères et les muscles sont contigus, et il ne reste plus que des espaces insignifiants et des lacunes microscopiques comme celles que laissent entre eux les éléments d'un même organe.

Mais, indépendamment du système lacunaire, il existe trois grands sinus veineux : deux dans le thorax, latéraux et symétriques, et un dans l'abdomen, impair et médian.

Les deux grands *sinus thoraciques* sont deux canaux très volumineux, coniques et moniliformes, renflés au niveau du milieu de chaque anneau, courant le long des bords du thorax en arrière de la base des pattes (fig. 5 et 7, *sl*). Ils prennent leur origine dans la tête, par leur extrémité pointue, et augmentent de volume à mesure qu'ils recueillent en descendant de nouvelles quantités de sang. Arrivés dans le septième anneau thoracique, ils se coudent brusquement pour se porter à la rencontre l'un de l'autre et, arrivés sur la ligne médiane, se réunissent pour donner naissance au sinus abdominal.

Au fur et à mesure de leur passage en arrière de la base des pattes, ils reçoivent par leur face antérieure le sang veineux de ces organes. Mais là n'est pas la principale cause de leur augmentation de volume. Ils sont percés sur leur face postéro-interne, chacun, de sept orifices correspondant aux sept anneaux du thorax. Par ces orifices (*os*, fig. 5) le sang veineux de la grande lacune périviscérale pénètre dans leur cavité, en sorte qu'au-delà du septième anneau, tout le sang veineux du corps se trouve réuni dans ces sinus thoraciques qui le conduisent dans le sinus abdominal.

Je ne puis dire si le sang des lacunes de l'abdomen tombe directement dans le sinus ¸abdominal ou s'il se rend d'abord dans la grande lacune thoracique, mais cette dernière hypothèse me paraît la plus vraisemblable, car le sinus abdominal est parfaitement clos.

On se ferait une idée erronée des sinus thoraciques, si on se les représentait comme limités par des parois partout isolables. Ils ont incontestablement un revêtement endothélial, mais non partout une paroi propre. En avant et en dehors, ils sont simplement limités par les téguments chitineux doublés de leurs couches choriale et musculaire. En arrière et dedans, leur paroi est en grande partie constituée par de larges bandes musculaires qui se portent de la couche ventrale des muscles fléchisseurs des anneaux à la couche dorsale des extenseurs, circonscrivant une sorte d'espace prismatique dont les parois extérieures sont formées par les téguments des parties latérales du corps (fig. 7, *x*).

Le *sinus abdominal ou prérectal* (fig. 5 et 8, *sa*), formé par la réunion des deux sinus thoraciques, est un canal court et large, creusé au milieu des masses musculaires de l'abdomen. Il est situé au-devant du rectum, en arrière de la chaîne nerveuse. Sa forme n'est pas cylindrique, car sa coupe, au lieu d'être arrondie, représente un triangle isocèle à angles mousses dont la base postérieure serait convexe du côté de la cavité du sinus. Son volume, sans être double de celui des sinus thoraciques, est considérable et supérieur à celui du rectum. Son aspect lisse suffit à montrer qu'il doit posséder un revêtement endothélial, mais sa paroi propre, s'il en a une, ce que je ne saurais affirmer, ne peut être isolée des muscles sous-jacents.

Sur ses parties latérales il donne naissance, de chaque côté, à cinq vaisseaux qui se portent en dehors et en avant, puis plongent dans l'article pédonculaire des branchies. Ces vaisseaux, d'abord constitués comme le sinus, s'individualisent de plus en plus et arrivent à posséder dans le pédoncule des branchies une paroi propre très nette. Les tissus musculaires et autres qui occupent le pédoncule branchial, sont en effet trop espacés dans sa cavité pour qu'un canal sans paroi propre soit efficacement soutenu par eux et présente la forme parfaitement cylindrique que nous avons obtenue dans nos injections.

Dans l'intérieur du pédoncule branchial, ces vaisseaux (*af*, fig. 5 et 8) se divisent en deux branches qui pénètrent chacune dans une des lames branchiales et constituent son vaisseau afférent.

Circulation branchiale.

On sait que les branchies se composent chacune de deux grandes lames ovalaires insérées sur un même article pédonculaire large et court, qui contient les muscles chargés de les mouvoir. Les muscles chargés de mouvoir les pédoncules eux-mêmes sont dans la cavité abdominale. Il existe dix branchies et par conséquent dix pédoncules, formant cinq paires disposées le long de la face antérieure de l'abdomen. A chaque pédoncule correspond un vaisseau afférent venu du sinus abdominal, et chacun de ces vaisseaux se divise en deux branches, une pour chacune des lames branchiales insérées sur ce pédoncule.

Dans chaque lame branchiale, le vaisseau afférent suit le bord interne et se continue au sommet de l'organe avec le vaisseau efférent qui suit le bord opposé. Dans l'espace qui sépare ces deux vaisseaux, l'organe branchial est conformé de manière à mettre le liquide sanguin en rapport avec l'eau ambiante pendant le plus long temps possible.

Que l'on se représente chaque lame branchiale comme formée d'une vésicule aplatie dont les parois très minces seraient adhérentes l'une à l'autre en des points très rapprochés et distribués régulièrement. Ces points laissent entre eux des espaces à peine plus grands qu'eux-mêmes formant un système de canaux mille fois séparés et mille fois réunis, obligeant les globules à suivre une voie tortueuse pour traverser la branchie. Lorsqu'on examine à un grossissement d'environ 80 diamètres une lame branchiale, attenante encore à l'animal vivant, on assiste au spectacle merveilleux de ces globules, apportés en foule par le vaisseau marginal interne, traversant la branchie en roulant dans les voies qui leur sont ouvertes, tantôt hésitant entre deux directions, tantôt se bousculant pour ainsi dire pour passer ensemble dans un passage trop étroit, et arrivant enfin au vaisseau marginal externe qui les entraîne d'une marche plus rapide vers le péricarde. Le mouvement des globules dans la branchie est très vif, aussi bien dans la lame supérieure que dans la lame inférieure. Il est donc inexact de dire, comme on le fait généralement, que les deux lames, appartenant à un même pédoncule, ont des fonctions différentes, la lame recouverte étant spécialement chargée du rôle respiratoire, tandis que la lame recouvrante aurait une fonction simplement protectrice.

Vaisseaux branchio-péricardiques.

Le vaisseau efférent ou marginal externe (fig. 8) de chaque lame branchiale se réunit dans le pédoncule à celui de l'autre lame de la même paire. Au-delà des pédoncules, les vaisseaux efférents, réduits à dix, formant cinq paires, constituent les vaisseaux *branchio-péricardiques* (*bp*, fig. 1 et 8). Ces vaisseaux se recourbent en dehors pour gagner l'arceau dorsal de leurs anneaux respectifs, puis, accolés à lui, ils arrivent au péricarde, dans lequel ils se jettent par les cinq paires d'orifices latéraux dont nous avons déjà parlé (fig. 1, ω).

Circulation dans le telson.

Le sang qui arrive au péricarde ne lui est cependant pas amené en totalité par les dix canaux que nous venons de décrire.

Nous avons vu que le péricarde reçoit par son extrémité inférieure un onzième vaisseau qui lui vient du telson. Ce vaisseau peut, à bon droit, être ajouté à la catégorie des vaisseaux branchio-péricardiques, car le telson joue le rôle de branchie, et cette fonction explique pourquoi nous avons réservé un article spécial à la circulation dans ce segment.

En décrivant (p. 31) la circulation artérielle dans le telson, nous avons fait remarquer combien les quatre petits filets que l'aorte inférieure lui envoie étaient peu en rapport avec l'étendue de la surface à nourrir. Mais, loin d'avoir besoin d'artères nourricières, cette partie de l'abdomen possède à sa face antérieure la structure d'une branchie et, au lieu d'absorber l'oxygène du sang, elle lui rend ses propriétés vitales. Aussi les vaisseaux veineux du voisinage se détournent-ils de la route habituelle pour venir profiter de ce complément offert à la fonction respiratoire.

Le sinus abdominal (fig. 6), après avoir fourni par ses parties latérales les vaisseaux afférents des branchies, se bifurque, et ses deux branches formant un angle très ouvert descendent vers le septième segment.

D'autre part, le sang veineux qui revient des fausses pattes du sixième anneau, suivant une route inverse, monte à la rencontre des branches terminales du sinus et s'unit à elles.

De cette anastomose résulte de chaque côté un tronc gros et court (*at*) qui se jette dans le telson à la réunion de ses bords supérieur et latéraux. Ce tronc se divise immédiatement en deux branches dont l'une, courte, se porte dans la direction de l'anus, tandis que l'autre, plus longue, suit le bord latéral de l'organe jusqu'au sommet. Ces vaisseaux se comportent d'ailleurs absolument de la même manière que les vaisseaux afférents des branchies. Ils déversent leur contenu, grossi par le faible apport des filets artériels, dans un système de petites lacunes limitées par les points où le mince tégument antérieur du telson se soude à la paroi dorsale forte et chitineuse de l'organe. Le sang, suivant ainsi des deux côtés une marche centripète, arrive au vaisseau médian qui le reçoit et le conduit au péricarde.

On pourrait se demander maintenant comment le telson, qui est évidemment un anneau du corps et non un appendice, a pu se modifier de manière à jouer le rôle d'une branchie, et surtout comment le sens de la circulation a pu se renverser dans son intérieur de façon à ce que le sang veineux y suive une marche centrifuge et le sang artériel une marche centripète.

Avant d'aborder l'explication de cette difficulté, je crois devoir avertir que je me suis attaché à mettre la vérité des faits au-dessus de toute contestation.

Je me suis assuré par des recherches répétées que, toutes les fois qu'une injection artérielle est suffisamment pénétrante, elle montre le long des bords du telson les vaisseaux artériels (*tl*) tels que je les ai représentés dans la figure 4. Mais jamais on ne peut, par cette voie trop étroite, injecter toute la surface de cet organe. Si au contraire on pratique une injection veineuse, le système lacunaire du telson se remplit ainsi que son vaisseau médian. En piquant directement ce vaisseau médian, je suis même parvenu à remplir le péricarde, le cœur, l'aorte et les principales artères. Enfin il m'est arrivé d'injecter successivement sur le même animal les vaisseaux artériels et les vaisseaux veineux du telson. L'observation par transparence de la marche des globules corrobore pleinement les résultats de l'injection.

Arrivons maintenant à l'interprétation des faits.

L'explication des dispositions observées nous paraît devoir être cherchée dans une extension exagérée des voies étroites par lesquelles le sang contenu dans les lacunes de l'animal communique, d'une part avec le système veineux et d'autre part avec le péricarde. Nous avons déjà, en parlant des limites du péricarde, attiré l'attention sur ce fait. Dans tous les points du corps, les lacunes communiquent entre elles. Celles qui appartiennent aux parties molles qui doublent les téguments chitineux de la région dorsale, reçoivent le sang déversé immédiatement dans leur intérieur par les artérioles voisines, et aussi une partie de celui qui circule dans la grande lacune thoracique et qui remonte le long des arceaux dorsaux. Ce sang suivant une marche rétrograde arrive en partie au péricarde, dans lequel il pénètre par son extrémité supérieure qui s'ouvre dans ces lacunes. Il n'y a aucune raison pour qu'il n'en soit pas de même à l'extrémité inférieure, et le vaisseau médian du telson serait la voie élargie par laquelle le sang qui a circulé dans les lacunes de cet organe retourne directement au péricarde.

Pourquoi ces voies si étroites en haut sont-elles si larges en bas? Pourquoi ce qui n'est qu'un courant accessoire dans les anneaux thoraciques est-il devenu le courant principal dans le telson? C'est parce que le telson a pu acquérir une structure branchiale sans nuire à la solidité qui lui était indispensable. Par un phénomène bien naturel, les communications du péricarde avec les lacunes supérieures, ayant pour résultat un mélange nuisible de sang veineux au sang artériel, sont devenues plus étroites, et les communications de ce même péricarde avec les lacunes du telson, ayant pour résultat un apport avantageux de sang artériel, sont devenues, ou plutôt restées, largement ouvertes.

En même temps les vaisseaux artériels nourriciers, rendus inutiles par le grand développement des vaisseaux fonctionnels, se sont peu développés et ont pris l'aspect d'un système atrophié. Cependant il ne s'agit pas ici d'atrophie des vaisseaux nourriciers· ayant cédé la place à un développement excessif des vaisseaux fonctionnels, mais bien du peu de développement des premiers, en présence de la persistance des seconds.

Nous verrons, à propos de la comparaison des Isopodes et des Amphipodes, pourquoi nous interprétons ainsi les choses, nous ne pouvons donner pour le moment de plus amples explications, les éléments de la discussion n'ayant pas encore tous passé sous les yeux du lecteur.

CYMOTHOADIENS ERRANTS, CONILERA CYLINDRACEA (WHITE).

(Pl. III, fig. 1 à 5).

Les Conilères sont des crustacés pélagiques. On ne les rencontre jamais à la grève même dans les plus grandes marées. Elles se tiennent au fond de l'eau, à des profondeurs de trente brasses environ, quelquefois moins, souvent beaucoup plus. Attirées par les appâts que les pêcheurs de raies et de congres mettent sur leurs hameçons, elles arrivent en foule, se cramponnent sur leurs proies et sont ramenées ainsi dans les bateaux en même temps que le produit de la pêche. Il est rare qu'un bateau qui revient de la pêche au congre n'en apporte pas un certain nombre. J'en ai trouvé une fois une centaine dans la carapace d'un énorme tourteau (*Platycarcinus pagurus*) dont elles avaient en partie dévoré la chair. Parmi elles, on trouve ordinairement quelques échantillons de *Cirolana Cranchii* (Leach) et de *Rocinela Danmoniensis* (Leach). Dans la carapace du tourteau se trouvaient aussi d'innombrables petits Amphipodes d'une espèce que je crois nouvelle, du genre *Anonyx* (Kröyer).

L'appareil circulatoire de la Conilère diffère fort peu de celui que nous venons d'étudier en détail chez l'Anilocre, aussi serons-nous ici beaucoup plus bref.

Cœur et Péricarde.

Certaines Conilères dont le tube digestif se trouve, par hasard, vide de matières alimentaires, sont très transparentes et c'est chez elles que j'ai pu corroborer par l'observation du mouvement des globules les résultats de l'injection. Cet examen prouve d'une manière indubitable qu'un certain nombre de globules sanguins, autres que ceux qui ont respiré dans les branchies, entrent dans le péricarde. Ces globules sont ceux qui ont été déversés dans les lacunes dorsales de l'animal par les nombreuses ramifications artérielles qui les parcourent et qui forment un courant dorsal descendant lequel, chemin faisant, reçoit dans chaque anneau un courant veineux centripète venu de la grande lacune thoracique. Ces courants latéraux suivent le bord inférieur des anneaux en remontant le long de leurs parties latérales. Très faibles, presque nuls même, dans les anneaux voisins de la tête, ils deviennent de plus en plus nourris vers la base du thorax. Tous les globules provenant de ces diverses sources, réunis à la partie supérieure du septième anneau, entrent dans le péricarde par son extrémité supérieure, qui se trouve à ce niveau. Seuls, ceux qui ont suivi les parties latérales du septième anneau, cheminant isolément, arrivent au péricarde par ses parties latérales. Après être entrés dans son intérieur, les uns comme les autres se dirigent vers une ouverture du cœur spécialement chargée de les recevoir. Cette ouverture est celle que porte le cœur à gauche dans sa portion supérieure située dans le septième anneau du thorax (fig. 1)[1]. Considéré dans son ensemble, cet apport de sang veineux est, d'ailleurs, peu considérable. C'est à peine si, pour vingt globules qui sont lancés par le cœur dans les artères principales, on en voit entrer un venant des lacunes veineuses.

Le *cœur* est composé de deux parties, l'une conique, située dans l'abdomen, l'autre cylindrique, plus étroite, située dans le septième anneau du thorax (fig. 1).

Son segment inférieur est percé de trois ouvertures situées dans les quatrième, deuxième et premier anneaux. Celle du deuxième anneau est située à gauche, les deux autres sont du côté droit. Ces ouvertures, obliquement dirigées de gauche à droite et de bas en haut, comme les fibres constitutives du cœur, sont munies de valvules à deux lèvres très évidentes. Ces lèvres sont bordées par une fibre musculaire dont on aperçoit nettement le double contour.

Le segment supérieur est percé d'une seule ouverture plus petite que les précédentes, et située à gauche. Nous avons vu qu'elle sert seulement à l'introduction des quelques globules venus des lacunes veineuses. Les trois grands orifices du segment inférieur sont beaucoup plus actifs et livrent passage aux globules venus des branchies.

J'ai représenté (fig. 6) le cœur et l'origine des artères chez la *Paranthura Costana* (sp. Bate). La disposition est analogue à celle que nous avons décrite chez la Conilère. Il nous eût été agréable de pousser plus loin l'étude de l'appareil circulatoire, et de voir s'il

---

[1] C'est principalement dans des cas de ce genre, où l'on doit observer à une certaine profondeur dans les tissus d'animaux épais, que les objectifs construits par M. Nachet montrent toute leur supériorité; car ils joignent à une définition très bonne une distance frontale considérable. Les objectifs à grand angle d'ouverture et à distance frontale très courte, excellents pour les recherches histologiques, sont souvent impossibles à utiliser pour les études zoologiques.

n'existe pas une artère prénervienne. Dohrn paraît avoir entrevu le système ventral, mais il se fait une idée inexacte des rapports des artères ventrales qu'il place *dans l'intérieur* des nerfs. Nous n'avons pu malheureusement nous procurer, au moment où nous faisions ces études, qu'un trop petit nombre d'individus.

Système artériel.

Comme chez l'Anilocre, neuf artères naissent du cœur à sa partie supérieure.

Les deux plus inférieures, formant la paire, ont leur point d'origine à la réunion des portions conique et cylindrique du cœur; elles se portent en haut et en dehors vers la septième patte à laquelle elles sont destinées (fig. 1, *t*). Les deux suivantes, paires également, sont destinées à la sixième paire de pattes, elles naissent à égale distance entre la dernière fente cardio-péricardique et la pointe du cœur. Les cinq dernières enfin, nées côte à côte de l'extrémité supérieure du cœur, sont si rapprochées, qu'au premier abord elles semblent ne former qu'une seule grosse artère impaire. Quatre d'entre elles sont symétriques; la cinquième, impaire et médiane, est l'aorte supérieure (*as*). Des quatre artères symétriques, la paire inférieure appartient au cinquième anneau, tandis que la paire supérieure constitue les artères latérales (*l*) et fournit non seulement les branches des quatre premiers anneaux, mais aussi l'artère hépatique. Toutes ces artères, du moins les cinq supérieures, sont munies à leur origine de valvules à deux lèvres bien développées. Il est probable, bien que je ne l'aie point vu, que les deux paires inférieures en possèdent également et que, chez l'Anilocre, il en est de même.

Il serait fastidieux d'entrer dans la description détaillée de toutes ces artères, qui présentent avec leurs homologues chez l'Anilocre la plus grande ressemblance. Contentons-nous de signaler quelques différences.

Les ramifications fournies au chorion et aux muscles par les *artères thoraciques* dans leurs anneaux respectifs sont beaucoup plus volumineuses et plus richement ramifiées que chez l'Anilocre; en outre, l'artère du septième anneau présente dans sa distribution une particularité remarquable. Dès son origine elle fournit une grosse branche (fig, 1 et 3, *g*) qui monte verticalement et entre dans l'ovaire. auquel elle se distribue en fines ramifications. On se rappelle que, chez l'Anilocre, les artères génitales provenaient des artères latérales.

L'*aorte supérieure* monte directement dans la tête, accolée au tube digestif auquel elle fournit çà et là quelques petits rameaux. Elle cède également quelques artérioles aux parties molles situées en arrière d'elle. Dans la tête, elle fournit deux branches aux yeux, trois au cerveau et une à chaque antenne. Ses rapports avec le système nerveux sont d'ailleurs les mêmes que chez l'Anilocre. Elle passe dans le collier œsophagien, entre l'œsophage et la masse cérébroïde, et donne naissance par sa face antérieure à un collier œsophagien vasculaire, parallèle au collier nerveux de même nom et situé au-devant de lui (*cœ*, fig. 2). C'est des bords mêmes de ce collier que naissent les courtes branches qui se rendent aux mandibules et aux deux paires de mâchoires (*p.*, *m*, *m'*).

L'*artère prénervienne* (fig. 2, *pn*) est plus grosse que chez l'Anilocre et se comporte d'une manière un peu différente. Dès son origine à l'angle inférieur du collier œsophagien, elle fournit les artères des pattes mâchoires (*pm*). Puis elle descend le long de la ligne ventrale de l'animal au-devant de la chaîne nerveuse en se divisant, au niveau de la plupart des ganglions de cette chaîne, en trois branches. L'une, ordinairement plus grêle, continue la direction de l'artère ; les deux autres s'écartent pour entourer le ganglion nerveux et se réunissent, au-dessous de lui, entre elles et avec le rameau direct. Il en résulte, au milieu de chaque anneau, une sorte de losange artériel irrégulier contenant le ganglion dans son intérieur et donnant naissance par ses angles latéraux aux branches ventrales. Cette disposition n'est d'ailleurs pas constante dans tous les anneaux, et généralement même elle manque dans le premier.

Les branches ventrales de l'artère prénervienne s'anastomosent plus ou moins largement dans tous les anneaux avec celles des artères crurales, et constituent avec elles le *système ventral*, dont les ramifications déliées se répandent dans toute l'étendue de la face antérieure de l'animal. Il n'y a pas ici comme chez l'Anilocre, une anastomose transversale dépassant toutes les autres par son volume. Dans presque tous les anneaux ces anastomoses sont larges et établissent une communication facile entre les vaisseaux de la région dorsale et ceux de la face ventrale.

Dans l'individu que nous avons représenté (fig. 2), les branches anastomotiques transversales sont volumineuses dans les deuxième, quatrième, sixième et septième anneaux, plus fines dans le premier; enfin dans les troisième et cinquième anneaux, elles n'ont lieu que par des ramifications d'ordre inférieur. Il y a, d'ailleurs, de nombreuses variétés individuelles.

Dans l'abdomen, l'artère prénervienne fournit un mince filet à chacun des articles pédonculaires des branchies et se termine dans ceux de la dernière paire sans aller se perdre autour de l'anus comme chez l'Anilocre.

Les ramifications qu'elle fournit dans tout son parcours au système nerveux sont plus nombreuses et plus évidentes que chez l'Isopode que nous prenons pour terme de comparaison. Elles donnent naissance à trois petits vaisseaux (fig. 5) qui accompagnent la chaîne ganglionnaire dans toute sa longueur. Deux de ces vaisseaux sont latéraux, le troisième suit la ligne médiane antérieure. Ils n'abandonnent aux connectifs que peu de ramifications, mais ils fournissent aux ganglions un réseau très riche et très délicat.

Arrivons maintenant à la description de l'*aorte inférieure* (fig. 3 et 4).

Les muscles moteurs des branchies offrent une disposition remarquable qu'il est nécessaire de faire connaître, avant de commencer la description des vaisseaux qui leur apportent le liquide nourricier. Ils forment de chaque côté de la ligne médiane cinq plans triangulaires perpendiculaires au plan de symétrie de l'animal. Chacun de ces triangles offre naturellement trois bords, l'un postérieur, qui s'insère à l'arceau dorsal de l'anneau correspondant (fig. 4), le second interne, libre de toute adhérence, le troisième externe, en rapport avec la région correspondante des téguments. Le sommet tronqué représente le point d'insertion mobile et se fixe sur le pédoncule de la branchie.

Chacune de ces lames triangulaires peut se dédoubler ¡en deux autres parallèles et accolées l'une à l'autre, l'une supérieure, mince, formée par les muscles élévateurs de la branchie, l'autre inférieure, plus épaisse formée par les muscles abaisseurs. La figure 4, représentant une coupe de l'animal, montre ces plans musculaires. Du côté gauche, le dédoublement a été opéré, la lame inférieure ou épaisse a été relevée et montre la lame supérieure en place. Du côté droit, la lame inférieure a été complètement enlevée et laisse voir en place l'artère abdominale (*ab*) correspondante qui n'a pas été comme du côté opposé relevée avec le lambeau inférieur.

C'est par le jeu alternatif des muscles qui composent ces lames triangulaires que les branchies frappent l'eau, tant pour la renouveler autour d'elles que pour faire progresser l'animal.

Chacune des lames est formée par un empilement de feuillets disposés dans un plan perpendiculaire à ses faces et formés eux-mêmes par les faisceaux musculaires élémentaires.

Cette disposition étant bien comprise, celle des vaisseaux abdominaux va devenir très facile à se représenter. De la face antérieure du cœur, au niveau du deuxième anneau de l'abdomen, naissent à côté l'une de l'autre deux artères : ce sont les aortes inférieures (fig. 3, *ai*), qui ne forment plus ici, comme chez l'Anilocre, un vaisseau impair et médian. Elles se dirigent à la fois en haut et en bas, et leurs deux segments, situés sur le prolongement l'un de l'autre, forment en réalité, de chaque côté, un seul tronc appliqué sur le cœur et communiquant avec lui par un point de sa partie moyenne. Le segment supérieur se porte en haut et en dehors ; il est destiné au premier anneau abdominal. Le segment inférieur se porte en bas et se termine par deux branches dont l'une se rend aux fausses pattes du sixième anneau et l'autre se perd sur les bords latéraux du telson. Dans son trajet, il émet quatre branches collatérales destinées aux quatre anneaux branchifères inférieurs. De ces quatre branches, les trois inférieures naissent du bord externe de l'artère, tandis que la supérieure, c'est-à-dire celle du deuxième anneau, naît du bord interne et passe entre le cœur et l'aorte inférieure pour se porter, comme les autres, directement en dehors (fig. 3).

Aux cinq *artères abdominales* s'applique d'ailleurs une description commune. Chacune d'elles (fig. 3 et 4, *ab*) passe dans l'épaisseur de la lame musculaire de la branchie correspondante entre la couche des muscles abaisseurs et celle des muscles releveurs ; elle suit dans leur interstice un trajet onduleux et se termine par un riche épanouissement de fines artérioles (fig. 4, *ep'*) dans une petite masse de tissu cellulograisseux qui occupe l'angle externe de l'anneau. Dans ce trajet, elle émet vingt à trente paires de fins ramuscules correspondant aux interstices des feuillets musculaires qui composent chaque lame. Chacun de ces ramuscules pénètre dans l'interstice qui lui correspond et le parcourt dans toute son étendue, en donnant, chemin faisant, des ramifications nombreuses et déliées aux deux feuillets qui le limitent (fig. 4, *z*).

Si l'on songe qu'il y a dix branchies et, par conséquent, vingt lames musculaires, contenant ensemble cinq à six cents feuillets ; si l'on pense qu'à chacun de ces feuillets correspond une artériole qui émet de nombreuses ramifications et que ce nombre immense de vaisseaux disposés d'une façon si admirablement régulière est contenu dans un espace de quelques millimètres, on ne pourra manquer d'être émerveillé de la vascularité excessive des muscles moteurs des branchies chez la Conilère. Ces muscles sont d'ailleurs très forts et très actifs.

Je ne crois pas aller trop loin en avançant qu'une vascularité semblable n'a été décrite encore chez aucun invertébré et qu'elle est comparable à celle qu'on est habitué à rencontrer chez les animaux supérieurs.

Système veineux, circulation branchiale et vaisseaux branchio-péricardiques.

Je ne m'étendrai pas longuement sur les autres parties de l'appareil circulatoire. Il est comparable de tout point à celui que nous avons rencontré et décrit chez l'Anilocre.

Le sang veineux collecté dans un vaste sinus (*sa*, fig. 4), situé dans l'abdomen en avant et sur les côtés du tube digestif, se rend aux vaisseaux marginaux internes des branchies, circule entre leurs lames et revient au cœur par cinq paires de vaisseaux branchio-péricardiques (*bp*) situés, comme les artères abdominales, au niveau des interstices qui séparent la couche des extenseurs de celle des fléchisseurs d'une même lame musculaire, mais tout à fait au contact des téguments.

Le telson qui reçoit, indépendamment de quelques filets qui lui sont fournis par les artères abdominales, la terminaison du sinus veineux, fait fonction de branchie et les globules qui ont circulé dans son épaisseur retournent au péricarde par un vaisseau qui suit la ligne médiane de l'organe. Telson et branchies ont d'ailleurs exactement la même structure que chez l'Anilocre.

En résumé, nous voyons que les différences qui séparent l'appa-

reil circulatoire de la Conilère de celui de l'Anilocre, se réduisent
à peu de chose. La seule particularité qui pourrait paraître incon-
ciliable, c'est la présence chez la première de deux aortes abdominales au lieu d'une seule.

Mais on se rappelle que chez l'Anilocre, l'aorte inférieure, quoique
simple, naissait par deux racines et il faut voir dans ce fait l'indice
de la duplicité primitive de cette artère.

L'existence de deux aortes nous paraît être le cas normal et la
réunion partielle un de ces faits de coalescence si fréquents et si peu
importants que l'on rencontre à chaque instant, même à titre de
variété individuelle, dans l'appareil circulatoire des animaux.

Quant à la disposition spéciale et à la richesse plus grande des
ramifications des artères abdominales, elle nous paraît trouver son
explication naturelle dans le fait que les mouvements natatoires des
branchies sont beaucoup plus fréquents et plus énergiques chez la
Conilère, animal nageur et libre, que chez l'Anilocre, qui vit fixée
sur les poissons.

ROCINELA DANMONIENSIS (LEACH).

Chez la *Rocinela Danmoniensis*, le cœur est percé de quatre
orifices cardio-péricardiques. Trois d'entre eux, situés dans les premier, deuxième et troisième anneaux de l'abdomen, livrent passage
au sang qui revient des branchies. Le quatrième, situé dans le
sixième anneau thoracique, correspond sans doute à celui qui reçoit
les globules venus de la cavité veineuse chez la Conilère. Mais nous
n'avons à ce sujet aucune observation concluante.

SPHÉROMIENS.

SPHÆROMA SERRATUM (LEACH).

(Pl. IV.)

Parmi les Sphéromiens que l'on rencontre sur les plages de Roscoff, le Sphérome denté est à la fois le plus volumineux et le plus facile
à se procurer. Il se trouve abondamment sous les gros galets qui ne
sont pas ensablés, à un niveau très élevé. Ce niveau, parfaitement
limité, est à peine supérieur à celui des hautes mers des moyennes
marées, et, dans les mortes-eaux les plus faibles, les Sphéromes restent même à sec pendant trente-six et quarante-huit heures.

Il était intéressant d'étudier un type de Sphéromien pour voir quelles modifications avait pu faire naître dans la constitution de l'appareil circulatoire la soudure des anneaux de l'abdomen. Or, j'ai constaté que cette soudure n'avait entraîné à sa suite que des changements insignifiants dans les vaisseaux branchio-péricardiques, qui se trouvent réduits à trois paires au moment de leur entrée dans le péricarde. Quant aux particularités présentées par les vaisseaux artériels ou par le système veineux, rien ne montre qu'elles soient sous la dépendance des soudures qui se sont formées entre divers anneaux de l'abdomen.

Dans ses traits généraux, l'appareil circulatoire du Sphérome reste donc conforme à celui de l'Anilocre, que l'on peut considérer comme représentant sous ce rapport le type le plus parfait des Isopodes.

Cœur et péricarde.

Le *cœur* est piriforme et d'une grande capacité (*c*, fig. 1). Il occupe la région de l'abdomen correspondante aux quatre premiers anneaux, encore reconnaissables à des sillons superficiels qui les délimitent, et descend même un peu dans l'écusson terminal. Vers le haut, il s'élève jusque dans le cinquième anneau thoracique.

Fixé, comme toujours, aux parois du péricarde par des tractus détachés de sa substance, il est percé de quatre ouvertures formant deux paires. La paire supérieure correspond au bord inférieur du septième anneau thoracique, l'inférieure est au niveau du quatrième anneau de l'abdomen.

Cette disposition par paires des ouvertures cardio-péricardiques a lieu de nous étonner. On ne la rencontre, en effet, que dans les formes ramassées (Sphérome, Bopyre), où le cœur est plus ou moins globuleux. Dans les formes allongées, au contraire, le cœur est étiré, tubuleux et les ouvertures échelonnées alternent ordinairement d'un côté à l'autre et correspondent à des anneaux différents. Cette disposition alterne est-elle primitive et n'est-elle que voilée dans les formes courtes par le tassement du cœur; ou bien, au contraire, les ouvertures sont-elles primitivement disposées par paires qui se dissocient par l'étirement du cœur dans les formes allongées? D'après les rares observations que nous avons pu faire sur de très jeunes individus, cette dernière hypothèse nous paraît la plus probable. Cependant, des observations positives seraient nécessaires pour trancher la question.

 · Le cœur est entouré d'un étroit *péricarde* de même forme que lui (fig. 1, *p*). Ce péricarde est complètement clos à son extrémité inférieure et ne reçoit pas, comme chez les types précédemment étudiés, un vaisseau venant du telson. Sur ses côtés il est percé de trois paires d'orifices (ω) correspondant à autant de vaisseaux branchio-péricardiques. Enfin son extrémité supérieure se continue avec les lacunes de la région dorsale de l'animal.

Cette communication, dont nous avions affirmé l'existence chez l'Anilocre sur la seule foi des injections, qui s'est trouvée confirmée chez la Conilère par l'observation de l'entrée des globules dans le péricarde, se trouve ici mise sous les yeux mêmes de l'observateur. Lorsque, après avoir poussé une injection et fixé les tissus de l'animal, on examine attentivement le péricarde ouvert, on voit que ses parois, parfaitement continues dans ses parties moyenne et inférieure, sont parsemées, à l'extrémité supérieure, d'éraillures (*y*, fig. 1) à travers lesquelles on voit à nu la matière à injection dans les lacunes voisines. On objectera que ces éraillures ne sont pas vues dans les conditions normales de l'animal. Il y a du vrai dans cette objection, et je crois même qu'on ne les verrait pas si elles n'avaient été distendues par le fait de l'injection, mais je suis absolument convaincu qu'elles n'ont pas été créées artificiellement, car le passage de l'injection dans les lacunes dorsales a lieu aussi bien lorsque l'injection est pratiquée avec douceur que lorsqu'elle est poussée sans ménagements. Les injections même les plus brutales ne parviennent pas à forcer le péricarde, car, faute de ligature, le liquide a toujours plus de facilité pour refluer en arrière que pour briser même la plus mince membrane.

Il faut donc admettre que le péricarde se continue en haut avec les lacunes de la région dorsale, et le mélange du sang veineux au sang artériel, tout insignifiant qu'il est au point de vue physiologique, est un fait anatomiquement incontestable.

Les lacunes dorsales communiquent, comme chez la Conilère, avec le grand courant veineux ventral, le long du bord inférieur de chaque anneau, immédiatement au-dessous des téguments chitineux.

Système artériel.

Le cœur émet de chaque côté quatre artères paires qui s'échelonnent à égale distance les unes des autres le long de ses bords latéraux. Par ses parties antéro-latérales, il donne naissance à deux aortes inférieures bien distinctes ; enfin il se continue en haut avec l'aorte supérieure. Les trois artères latérales les plus inférieures (fig. 1, *t*) sont destinées aux septième, sixième et cinquième anneaux thoraciques. La quatrième, qui est l'artère latérale (*l*), se détache obliquement de la pointe du cœur et se rend au premier anneau thoracique, dans lequel elle se termine après avoir, dans son trajet, fourni les branches thoraciques des quatrième, troisième et deuxième anneaux.

Pour donner une idée exacte des rapports de ces différentes artères, il est nécessaire d'entrer dans quelques détails. Toute la face dorsale de l'animal est recouverte par une épaisse couche chorio-musculaire qui tapisse le tégument chitineux. Chaque anneau, en s'insinuant sous le bord inférieur du précédent qui s'imbrique sur lui, s'enfonce fortement dans cette couche et y détermine un profond sillon transversal. C'est dans le fond des sept sillons ainsi déterminés que serpentent les artères thoraciques pour se rendre de leur origine à leurs pattes respectives (voy. fig. 1). Elles sont donc séparées de la cavité générale par une mince couche de tissu. Les *artères latérales*, au contraire, restent dans cette cavité et cheminent accolées à la face profonde de la couche chorio-musculaire.

Outre les branches destinées aux quatre premiers anneaux du thorax, les *artères latérales* émettent, par leur bord interne, deux rameaux importants (fig. 1, *h*). L'un et l'autre sont destinés aux tubes hépatiques (H), qu'ils parcourent dans toute leur longueur en les couvrant d'un lacis de ramifications très régulières. Les ramifications de premier ordre sont perpendiculaires à l'axe du tube et celles de second ordre se répandent dans les espaces rectangulaires laissés entre les premières. La plus élevée de ces deux artères hépatiques émet, en outre, un ramuscule qui se perd dan les muscles de la tête.

Les sept *artères thoraciques* (*t*) peuvent être embrassées dans une description commune. Elles sont situées dans le sillon qui sépare l'anneau auquel elles appartiennent de l'anneau immédiatement inférieur. Chacune d'elles suit, par conséquent, le bord inférieur de son anneau.

Vers le milieu de son trajet, elle émet un fort rameau qui pénètre dans la bande chorio-musculaire qui la recouvre (fig. 1, *ch*) et se divise en deux branches, l'une interne, l'autre externe, qui se perdent dans le tissu en fines ramifications. Parmi ces ramifications, il s'en trouve une qui, bien que très fine, est constante. Elle naît de la branche interne près de son origine (fig. 1 et 5, *d*), descend vers le bord libre de la bande chorio-musculaire et, suivant ce bord libre sans se ramifier, va s'anastomoser sur la ligne médiane avec celle du côté opposé. Cette petite artériole est donc tout à fait superficielle et passe, en travers, en arrière de toutes les autres. Elle est surtout bien visible dans les anneaux moyens. Enfin, de petites branches (fig. 1, *ch'*), nées de l'aorte, viennent compléter, dans les anneaux supérieurs, l'irrigation des couches chorio-musculaires sur la ligne médiane.

Après avoir fourni les branches chorio-musculaires, les artères thoraciques continuent leur trajet courbe et arrivent à la racine des pattes, dans lesquelles elles pénètrent, et qu'elles parcourent jusqu'à l'ongle en fournissant, dans chaque article, des ramifications d'une richesse tout à fait remarquable (fig. 8). Une seule d'entre elles, celle du cinquième anneau, fournit une branche ventrale (fig. 3), mais nous reviendrons plus loin sur sa description.

L'*aorte supérieure* (fig. 1, *as*), née de la pointe du cœur, monte directement vers la tête, accolée au tube digestif. Dans son trajet, elle fournit à chacun des anneaux qu'elle traverse, c'est-à-dire aux quatre premiers, deux petits rameaux (fig. 1, *ch'*), l'un à droite, l'autre à gauche, qui se jettent dans la couche chorio-musculaire et contribuent, comme nous l'avons déjà dit, à leur irrigation. Ces rameaux s'anastomosent avec ceux (*ch*) que fournissent les artères thoraciques dans les anneaux correspondants.

Arrivée dans la tête (fig. 2), elle fournit deux artères ophthalmiques.

Parvenue au niveau des ganglions cérébroïdes (qui sont supposés enlevés dans la figure 2, mais qui ont été respectés dans la figure 1),

elle leur abandonne une paire de petites artères (*n*) qui se ramifient dans cette masse nerveuse. Puis elle s'engage dans le collier
œsophagien, le traverse et se termine dans le labre en une petite
artériole médiane insignifiante. Dans ce court trajet, elle donne naissance à cinq branches, une postérieure, deux latérales et deux antérieures.

La première est une toute petite artériole impaire (*n'*) qui se
dirige en bas et se divise, presque dès sa naissance, en deux petites branches dans la masse veineuse cérébroïde, s'anastomosent
avec celles que nous avons déjà vues arriver à cet organe.

Les deux artères latérales sont destinées aux antennes ; elles se
divisent bientôt en deux rameaux (*a, a'*) pour les deux antennes
de chaque côté.

Les deux branches antérieures, enfin, sont celles qui donnent
naissance au collier œsophagien (*cœ*). Passant l'une à droite, l'autre
à gauche, elles entourent l'œsophage et se réunissent au-dessous de
lui pour donner naissance à l'artère prénervienne (fig. 3). Des bords
du collier œsophagien et de· l'origine de cette artère partent les
courts rameaux destinés aux appendices de la bouche.

Dans sa portion thoracique, l'*artère prénervienne* donne naissance
à un très grand nombre de branches latérales qui ont pour caractère
commun d'être très courtes et de fournir, presque à leur origine,
un grand nombre de fines ramifications. Toutes ces branches
forment, dans leur ensemble, sur la ligne médiane du thorax, une
zone longue et étroite, très abondamment pourvue de fins rameaux
artériels.

Au premier abord, on ne voit aucun ordre dans ce riche
lacis de vaisseaux ; mais, en y regardant de plus près, on arrive
voir qu'il y a, le plus souvent, une artère pour chaque espace
nterganglionnaire et deux pour chaque ganglion de la chaîne
nerveuse (fig. 6). Les premières se rendent dans les connectifs inter-
ganglionnaires sans dépasser leurs limites ; les dernières, au contraire, après avoir fourni aux ganglions correspondants de nombreux
rameaux, s'étendent un peu au delà et se perdent dans les tissus
mous de la face ventrale, mais sans s'étendre bien loin sur les côtés
de la ligne médiane.

Il résulte de cette description que, chez le Sphérome, le système
ventral est, en quelque sorte, ramassé sur la ligne médiane et que

les artères thoraciques ne prennent point part, comme chez tous les animaux précédemment étudiés, à sa constitution.

Il y a cependant une exception. L'artère du cinquième anneau, au lieu de s'épuiser, comme ses homologues des autres anneaux, dans la patte, donne, avant de pénétrer dans cet appendice, une forte branche (*v,* fig. 3) qui se porte en dedans et va s'anastomoser, sur la ligne médiane ventrale, avec sa congénère et avec le vaisseau prénervien (fig. 3). Il résulte de là, sur la face ventrale, une croix artérielle tout à fait comparable à celle que nous avons décrite chez l'Anilocre.

Cette artère ventrale ne donne aucune branche aux parties molles voisines ; elle se rend directement de l'artère thoracique au vaisseau prénervien et montre bien, par là, que son rôle est uniquement d'établir une anastomose entre l'une et l'autre.

Arrivée dans l'abdomen, l'artère prénervienne n'offre rien de particulier. Elle se comporte comme chez l'Anilocre, c'est-à-dire qu'elle fournit une petite artère nourricière à chacun des dix pédoncules branchiaux et qu'elle se termine par deux petites branches qui se perdent autour de l'anus. Dans les pédoncules branchiaux, les artères nourricières se divisent d'abord en deux branches qui se ramifient à leur tour dans les parties molles du pédoncule, sans pénétrer dans les lamelles respiratoires (fig. 3). .

Il nous reste, pour terminer la description du système artériel, à parler des *aortes inférieures* (fig. 4). Nées des parties antéro-latérales du cœur, dans le voisinage de sa base, et absolument indépendantes l'une de l'autre, ces deux artères (*ai*) sont formées chacune d'un tronc court et assez volumineux qui semble s'insérer sur le cœur par un point de sa partie moyenne. De ce tronc, qui reste accolé au cœur et s'étend parallèlement à ses bords, naissent cinq branches (*ab*) correspondant aux cinq anneaux de l'abdomen. Ces branches se portent dans les parties molles des épimères correspondants, où elles épuisent leurs ramifications terminales, après avoir fourni, dans leur trajet, quelques rameaux assez clair-semés aux muscles moteurs des branchies.

Ces aortes inférieures ont ceci de particulier, qu'elles ne fournissent pas, comme d'ordinaire, aux fausses pattes abdominales, ni au telson, dont les vaisseaux afférents proviennent uniquement du système veineux. En outre, les ramifications des artères abdominales sont peu développées et bien en rapport avec l'atrophie relative des muscles de l'abdomen.

Système veineux.

Le sang déversé par les extrémités des artérioles dans les lacunes interstitielles des organes se rassemble dans la cavité générale. C'est dans les pattes seulement, ainsi que dans les antennes et, d'une manière générale, dans les appendices, que les voies de retour du sang sont véritablement endiguées. Il existe, dans leur intérieur, une véritable *veine*, qui, bien que percée de nombreuses ouvertures par lesquelles les globules des lacunes voisines peuvent entrer dans son intérieur, ne peut être aucunement confondue avec de simples interstices organiques.

Je n'ai pu reconnaître l'existence de *sinus thoraciques* bien délimités et, s'ils existent, leur paroi mince et leur forme irrégulière m'auront empêché de les voir. Mais, dans l'abdomen, existe un grand *sinus prérectal* qui reçoit tout le sang des parties supérieures et le distribue aux branchies.

Circulation branchiale.

Le sinus prérectal, après avoir fourni latéralement les vaisseaux afférents des branchies, continue à descendre sur les parties antérieures et latérales du rectum et s'abouche avec un système de lacunes qui occupe la face intérieure du telson (fig. 5). Il fournit aussi une paire de vaisseaux qui se divisent dans les fausses pattes abdominales. Celles-ci ont, d'ailleurs, une structure analogue à celle du telson, qui est conformé, comme chez l'Anilocre, de manière à ménager un système de lacunes régulières entre les deux lames constitutives de cet organe. Mais ici le vaisseau chargé de recueillir le sang qui a circulé dans ces lacunes, au lieu de suivre la ligne médiane, comme chez l'animal que nous avons pris pour terme de comparaison, accompagne les bords latéraux. C'est dire qu'il est pair et symétrique.

Nés près du sommet du telson, les deux vaisseaux efférents de l'organe (fig. 5, *et*) cheminent dans ses bords latéraux épaissis et, peu à peu accrus par l'apport successif du sang des lacunes, arrivent au point d'insertion des fausses pattes, reçoivent un dernier

appoint du vaisseau efférent de ces appendices et, finalement, vont
se jeter dans le dernier vaisseau branchio-péricardique. Il va sans
dire que le telson joue très probablement, comme chez les autres
Isopodes que nous avons étudiés, le rôle de branchie, puisqu'il offre
la même structure que les organes spécialement chargés de la fonction respiratoire.

Les véritables branchies (fig. 7) sont, comme d'ordinaire, au nombre de cinq paires et chacune est formée de deux lames portées sur
un pédoncule commun. Mais ici les deux lames ne sont plus semblables entre elles, du moins dans les branchies des deux dernières
paires.

La lame supérieure ou recouvrante (Bs) est plane et sa constitution
n'offre rien de particulier. Elle est, comme toujours, formée de deux
membranes accolées, entre lesquelles sont ménagés deux vaisseaux
marginaux réunis par un système de lacunes déterminées par des
points d'adhérence régulièrement distribués entre les deux lames.
Seulement, ici, les lacunes sont très grandes par rapport au diamètre
des points intermédiaires, qui est très petit.

La lame recouverte (Bi), au contraire, est comme gaufrée, c'est-à-
dire qu'elle porte six à huit replis transversaux imbriqués de la base
vers le sommet. Ces replis n'arrivent pas jusque sur les bords de la
lame, réservés aux vaisseaux marginaux. Ils sont profonds vers la partie
moyenne et vont en s'atténuant vers les bords. Leur fonction est
évidemment d'augmenter l'étendue de la surface respirante. La
structure de la branchie est, d'ailleurs, au fond, la même dans les
deux lames, et c'est, comme toujours, le vaisseau interne (*af*) qui est
afférent et le vaisseau externe (*ef*) qui est efférent.

Les injections très pénétrantes au bleu soluble arrivent parfois
jusque dans l'intérieur des poils qui bordent les branchies. Il ne serait
pas impossible que ces poils fussent creux et que la partie liquide du
sang y pénétrât. Il est vrai que les globules n'y pénètrent point,
mais rien ne prouve que ces organites soient, comme chez les Vertébrés, seuls chargés de la fonction respiratoire.

La lame recouvrante de la quatrième, et surtout celle de la cinquième branchie, qui est représentée dans la figure 7, présente une
particularité remarquable. Son extrémité est renflée en massue et

garnie de papilles volumineuses, coniques, rangées en séries parallèles. Elle rappelle parfaitement l'extrémité terminale des appendices copulateurs des Lygies. D'autres papilles, isolées ou rangées en séries parallèles, se voient aussi, sur les bords, dans le voisinage. Chaque fois que, dans le mouvement alternatif incessant qui sert à renouveler l'eau autour d'elles, les branchies s'abaissent en se rapprochant, les saillies papilleuses d'un côté arrivent au contact de celles de l'autre côté. Je n'ai pu découvrir à quoi servent ces organes, qui sont probablement en rapport avec une sensation tactile.

Vaisseaux branchio-péricardiques.

Le sang qui revient des branchies est amené au péricarde par trois paires de *vaisseaux branchio-péricardiques* (*bc*, fig. 1). La première et la deuxième branchie ont chacune un vaisseau spécial, mais les trois dernières ont un vaisseau commun. Celui-ci, beaucoup plus gros que les autres, ramène aussi au cœur le sang qui a circulé dans les fausses pattes abdominales et dans le telson. Cette réunion de quatre vaisseaux en un seul est la seule particularité qui, dans l'appareil circulatoire du Sphérome, nous paraisse nettement en rapport avec la soudure des anneaux de l'abdomen. Les autres traits particuliers de cet appareil semblent indépendants de cette soudure et la position marginale des vaisseaux efférents du telson, par exemple, était tout à fait inattendue.

IDOTÉIDES.

IDOTEA TRICUSPIDATA (DESMAREST).

Si nous suivions la classification indiquée dans le tableau placé à la fin de l'introduction, ce serait ici le lieu de parler des Praniziens. Mais les affinités entre les Praniziens et les Cymothoadiens ne nous semblent pas très étroites et nous croyons plus exact de placer ces êtres avec les autres formes aberrantes dans un groupe spécial.

Bien que nous ayons fait sur l'Idotée toutes les préparations nécessaires pour établir les faits que nous allons rapidement exposer, nous avons jugé inutile de donner une planche représentant l'appareil circulatoire de cet animal. Ce que nous avons déjà vu chez les

Isopodes précédemment étudiés suffira, je l'espère, pour rendre la
description intelligible.

Cœur et péricarde.

Le *cœur* s'étend depuis le bord inférieur du quatrième anneau
thoracique jusqu'à l'écusson qui représente les derniers anneaux
de l'abdomen soudés entre eux.

Il est entouré d'un *péricarde* qui reçoit la terminaison des vaisseaux branchio-péricardiques et celle des vaisseaux qui ramènent le
sang qui a circulé dans l'écusson et dans les opercules de la chambre branchiale. En haut, il se perd dans les lacunes de la région
dorsale.

Système artériel.

Comme chez les types que nous avons étudiés jusqu'ici, les *artères thoraciques* des trois derniers anneaux naissent directement du
cœur, tandis que celles des quatre premiers se détachent successivement d'une paire d'artères latérales nées de la pointe du cœur,
à côté de l'aorte. Elles donnent naissance, en se rendant dans leurs
pattes respectives, à des ramuscules qui fournissent aux parties molles sous-jacentes aux téguments un lacis très riche de fines ramifications. Avant de pénétrer dans les pattes, elles émettent en dedans
une artère ventrale, très développée, qui prend part à la constitution
d'un remarquable système ventral, sur lequel nous reviendrons.

L'*aorte* monte directement dans la tête et va passer dans le collier
œsophagien. Dans sa partie supérieure elle fournit des artères aux
antennes, au ganglion cérébroïde et à l'œil. Cet organe reçoit en
outre une ramification de l'artère antennaire et la terminaison des
artères de la masse nerveuse cérébroïde. Finalement, l'aorte se perd
dans le labre.

A peine après avoir franchi le collier œsophagien, elle donne naissance, en outre, par sa face antérieure, à deux grosses et courtes branches qui contournent l'œsophage et s'anastomosent au-devant de lui
pour former le collier œsophagien.

L'*artère prénervienne* et le *système ventral* sont certainement, dans l'appareil circulatoire de l'Idotée, les parties qui offrent les particularités les plus remarquables.

La première, née de l'extrémité inférieure du collier œsophagien, descend sur la ligne médiane, en avant du système nerveux, traverse le premier anneau et arrive dans le second, où elle reçoit, de chaque côté, une forte artère ventrale fournie par les première et deuxième artères thoraciques. Au-delà de cette anastomose, au lieu de continuer son trajet, elle cesse subitement.

Dans les troisième, quatrième et cinquième anneaux, les artères ventrales, volumineuses et non ramifiées, se portent à la rencontre l'une de l'autre, se rencontrent sur la ligne médiane et s'anastomosent. Or, au point même où cette anastomose se fait, elles donnent naissance à un court rameau qui monte ou descend sur la ligne médiane et se perd bientôt en s'effilant, avant d'avoir pu atteindre l'anneau voisin. Il résulte de là une série de petits tronçons prénerviens qui font que l'artère prénervienne semble avoir été réduite en segments isolés plutôt que manquer tout à fait.

Dans le cinquième anneau, les artères ventrales, avant d'arriver à la ligne médiane, s'infléchissent brusquement vers le bas et, se jetant l'une dans l'autre, donnent naissance à un tronc prénervien qui continue le trajet habituel sans être désormais interrompu. Ce tronc inférieur, relié incomplètement au tronc supérieur par les petits tronçons intermédiaires des trois anneaux moyens, montre bien que l'ensemble représente les vestiges d'une artère prénervienne, qui ne s'est pas développée dans tous ses points.

Dans l'abdomen, l'artère prénervienne fournit, comme d'ordinaire, aux cinq pédoncules branchiaux. Elle donne en outre, chez le mâle, deux petites artérioles pour les deux verges.

Si l'artère prénervienne est peu développée, il n'en est pas de même du système ventral. Tous les anneaux thoraciques, à l'exception du premier et du dernier, sont, en effet, traversés par une volumineuse artère transversale, formée, comme nous l'avons vu, par les deux branches ventrales des artères thoraciques correspondantes, anastomosées sur la ligne médiane. De ces artères transversales se détachent de nombreuses petites artérioles qui se ramifient dans les parties molles du voisinage.

La branche ventrale du premier anneau concourt à la formation de l'artère transversale du deuxième ; quant à celle du septième, elle ne va pas jusqu'à la ligne médiane.

L'*aorte inférieure* est double et fournit des ramifications aux muscles de l'abdomen, ainsi qu'au telson et aux appendices operculaires.

Système veineux, circulation branchiale et vaisseaux branchio-péricardiques.

Je m'étendrai peu sur ces diverses parties de l'appareil circulatoire. La seule chose qui me paraisse utile à signaler, c'est que les appendices operculaires jouent, comme le telson (et il faut comprendre ici sous ce nom toute la partie soudée des anneaux de l'abdomen), le rôle de branchies. Le sang veineux, après avoir traversé les branchies de dedans en dehors, ainsi que les lacunes du telson et des opercules, qui sont exactement conformées comme celles des branchies, est entraîné au péricarde par les vaisseaux branchio-péricardiques.

Si maintenant nous jetons un coup d'œil sur l'ensemble de l'appareil circulatoire de l'Idotée, nous voyons que deux particularités lui donnent son cachet spécial. La première est la discontinuité, et pour ainsi dire le morcellement de l'artère prénervienne, qui n'émet dans sa portion thoracique, presque disparue, aucune ramification. La seconde, c'est le développement considérable des artères ventrales, fournies par les vaisseaux thoraciques et leurs nombreuses ramifications, qui constituent, à elles seules, presque tout l'ensemble du système artériel ventral.

Nous retrouverons ailleurs, en particulier chez la Lygie, d'autres faits de ce genre, et nous croyons pouvoir en conclure que le développement de l'artère prénervienne et de ses ramifications est en quelque sorte complémentaire de celui des branches ventrales des vaisseaux thoraciques. Si l'un de ces systèmes est très riche, l'autre le sera peu, et réciproquement.

L'Idotée, et, comme nous le verrons, la Lygie, nous offrent des exemples d'un système ventral formé presque tout entier aux dépens des branches ventrales latérales.

Le Sphérome, au contraire, nous a montré une artère prénervienne très volumineuse, émettant de riches ramifications, concentrées sur la ligne médiane, tandis que les artères ventrales manquaient dans tous les anneaux moins un.

Enfin, chez les Cymothoadiens, et en particulier chez l'Anilocre, nous avons vu une pondération plus équitable entre les deux systèmes, qui sont à peu près également développés. C'est là un fait qui, joint à tant d'autres, nous autorise à considérer l'Anilocre et les animaux voisins comme les types les plus normaux du groupe des Isopodes.

CLOPORTIDES.

LIGIA OCEANICA (FABRICIUS).

(Pl. V.)

Bien qu'elles vivent exclusivement à terre et qu'elles ne tardent pas à périr asphyxiées lorsqu'elles séjournent dans l'eau, les Lygies sont des animaux marins, en ce sens que le voisinage immédiat de l'eau salée leur est aussi indispensable que le contact direct de ce liquide leur est nuisible. La zone très étroite dans laquelle on les rencontre est parfaitement horizontale et située immédiatement au-dessus du niveau des hautes mers. On est sûr de les trouver à cette hauteur dans les crevasses de rochers et on peut se les procurer en abondance en fouillant avec une baguette dans les fentes mêmes du mur du laboratoire. Lorsque, dans les marées d'équinoxe, le niveau de la mer dépasse ses limites habituelles, les Lygies quittent leurs retraites inondées et se réfugient un peu plus haut.

Les mâles, étant, par une exception assez rare chez les Isopodes, plus gros que les femelles, c'est sur le premier sexe que j'ai fait de préférence des injections, le dimorphisme n'étant pas assez marqué pour que l'appareil circulatoire de la femelle puisse différer beaucoup de celui du mâle.

Cœur et péricarde.

Le *cœur* (fig. 1, *c*) est fort long et occupe presque la moitié de la longueur de l'animal. Il s'étend depuis le bord inférieur du quatrième segment thoracique jusqu'au sixième anneau de l'abdomen. Etroit et régulièrement cylindrique, il est percé de deux ouvertures, situées l'inférieure à gauche, la supérieure à droite, dans le voisinage de sa partie moyenne. J'ai constaté nettement l'existence de ces deux orifices cardio-péricardiques, mais je n'oserais affirmer qu'il n'en existe pas d'autres, bien que je les aie cherchés vainement. Enfin le cœur est maintenu en place par son adhérence avec le tube digestif tout le long de sa face antérieure et par quelques brides qui le rattachent au péricarde. Une paire de ces brides est fixée à son extrémité inférieure arrondie et terminée en cul-de-sac.

Le *péricarde* n'offre rien de spécial dans sa constitution. Il reçoit uniquement dans sa partie inférieure le sang que lui apportent les vaisseaux branchio-péricardiques, car le telson est ici très peu développé et n'a pas une circulation spéciale. En haut il se continue avec les lacunes de la région dorsale.

Système artériel.

Le cœur donne naissance par son extrémité supérieure à l'aorte thoracique et par ses parties latérales à huit artères formant quatre paires. Les trois paires inférieures sont les artères thoraciques des cinquième, sixième et septième anneaux ; la paire supérieure représente les artères latérales. Ces artères naissent à intervalles à peu près égaux, la première paire ayant son point de départ entre les deux orifices cardio-péricardiques, et la dernière, c'est-à-dire les artères latérales, naissant de l'extrémité supérieure, tout' auprès de l'aorte.

Ces *artères latérales* (fig. 1, *l*) montent en ondulant vers le premier anneau thoracique, dans lequel elles se terminent en donnant naissance à la première artère thoracique (*t*). Elles fournissent dans leur trajet les artères thoraciques des deuxième, troisième et quatrième anneaux et un certain nombre d'artères viscérales. Parmi ces dernières, une seule se détache de son bord externe. C'est une toute petite artériole (*g*), qui, née tout près de l'origine de l'artère latérale, se dirige en bas et se jette sur la dilatation terminale du canal déférent (T, fig. 1). Toutes les autres branches viscérales, nées du bord interne de l'artère, sont destinées à l'intestin moyen, sur lequel elles se ramifient, et aux tubes hépatiques, qui possèdent un très riche réseau vasculaire, comparable de tous points à celui que nous avons décrit chez l'Anilocre. Au moment de changer de nom pour devenir la branche thoracique du premier segment, l'artère latérale fournit un petit rameau qui se porte à la rencontre d'un rameau semblable venu de l'aorte et s'anastomose avec lui. De cette anastomose résulte une petite artère transversale bien symétrique de celle du côté opposé et d'où partent un ramuscule pour l'intestin sous-jacent, un second pour le tube hépatique voisin et un troisième qui, au lieu de descendre comme les deux précédents, remonte vers la tête et se jette dans les masses musculaires voisines de l'œil (fig. 1).

Les *artères thoraciques* ont un certain nombre de caractères communs qui peuvent être décrits en bloc, mais la sixième et la septième offrent des particularités sur lesquelles nous devrons ensuite attirer l'attention.

Toutes se portent à peu près directement en dehors (fig. 1 et 4, *t*) en suivant la courbure de l'anneau dorsal et en donnant quelques rameaux, soit aux tubes hépatiques, soit aux parties molles voisines. Arrivées auprès de la racine des pattes, elles fournissent en dehors une branche, qui bientôt se bifurque, l'une de ses parties allant se perdre dans les épimères (*ep*), l'autre remontant vers le dos pour se ramifier dans la couche chorio-musculaire (*ch*) de la région dorsale. Un peu plus bas, elles donnent en dedans leur branche ventrale que nous décrirons plus loin et, finalement, pénètrent dans la patte dans laquelle elles fournissent de très riches ramifications aux muscles chargés de mouvoir les divers articles.

Arrivons maintenant aux particularités offertes par les deux dernières artères thoraciques. Celle du sixième segment, au moment où elle croise le bord de l'intestin sous-jacent, donne naissance à un fort rameau (fig. 1 et 3, *ci*) qui contourne l'intestin et va s'anastomoser sur la ligne médiane antérieure avec son homologue du côté opposé et avec une artère longitudinale qui se trouve en ce point. Il résulte de là une sorte d'anneau dont les deux rameaux en question forment la moitié antérieure, laquelle est légèrement oblique en bas et en avant.

La septième artère thoracique fournit, un peu après avoir dépassé l'intestin, un rameau rétrograde qui, né du bord supérieur de l'artère, revient en dedans, atteint le bord latéral de cet organe et là se divise en deux branches (*il*, fig. 1 et 3) qui suivent ce bord, l'une en montant, l'autre en descendant.

Un peu plus loin cette même artère donne naissance à une grosse branche qui, malgré une allure un peu exceptionnelle, représente certainement l'aorte abdominale ou inférieure (*ai*, fig. 1, 3, 5 et 6) ; et, comme le volume de cette dernière est au moins égal à celui de l'artère thoracique, on ne peut dire si c'est celle-ci qui la fournit ou si c'est l'inverse qui a lieu. Quoi qu'il en soit, l'aorte inférieure et l'artère thoracique du septième anneau naissent d'un tronc commun et les deux aortes abdominales sont ici aussi séparées que possible l'une de l'autre.

Chacune de ces *aortes inférieures* descend obliquement en bas et en dedans et va se terminer dans les appendices styliformes du sixième anneau (*u*).

En traversant les divers segments de l'abdomen, elle fournit à chacun d'eux son *artère abdominale* (*ab*, fig. 1, 3 et 6), qui se ramifie dans les parties molles correspondantes et va se perdre dans l'épimère. En outre, elle donne naissance, entre le quatrième et le cinquième anneau, à une branche qui se porte transversalement en dedans et va se ramifier dans les parties molles sousjacentes à la paroi ventrale de l'abdomen. Au moment où elle passe entre les branchies de la quatrième et de la cinquième paire, cette branche donne naissance à deux rameaux verticaux qui se détachent d'elle à angle droit, l'un en montant, l'autre en descendant, et vont se ramifier dans les pédoncules branchiaux des deux dernières paires (fig. 6, *p*). Ces deux rameaux pédonculaires sont donc une dépendance de l'aorte abdominale et non, comme d'ordinaire, de l'artère prénervienne.

Enfin l'aorte abdominale émet, au moment d'entrer dans l'appendice styliforme, un gros rameau qui se porte en dedans et bientôt se bifurque (fig. 3) ; l'une des branches de bifurcation descend vers l'anus, autour duquel elle se ramifie ; l'autre, plus importante, s'anastomose sur la ligne médiane antérieure de l'intestin avec son homologue du côté opposé et donne naissance à une longue artère (*ia*) qui monte verticalement accolée à cet organe.

Avant de passer à la description de l'aorte supérieure et de ses dépendances, jetons un coup d'œil sur l'ensemble des nombreux rameaux que nous avons vus se rendre à l'intestin (fig. 3). Cet organe, dans sa partie inférieure, est placé entre quatre vaisseaux qui lui sont accolés. En arrière le cœur, en avant l'artère (*ia*) dont nous venons de parler et sur les côtés les deux artères (*il*) que nous avons vues naître du tronc commun à la septième thoracique et à l'aorte abdominale et revenir se diviser, sur les parties latérales de l'intestin, en deux branches qui suivent ses bords, l'une en descendant, l'autre en montant. Le cœur ne fournit directement aucun rameau à l'intestin. Quant aux trois artères qui lui sont spécialement destinées, nous les appellerons artères *intestinale antérieure* (*ia*) et *intestinales latérales* (*il*). L'artère intestinale antérieure, en montant verticalement de son origine vers les parties supérieures de l'organe où elle se perd peu à peu entre le quatrième et le troisième anneau thoracique, donne naissance à une trentaine de paires de petits vaisseaux, très régulièrement espacés, qui se dirigent en dehors et un peu en haut, en suivant des sillons qui existent sur l'intestin et qui sont peut-être déterminés par eux.

A ces rameaux obliquement ascendants correspondent autant de rameaux obliquement descendants venus des artères intestinales latérales, et l'ensemble forme, de chaque côté de la face antérieure de l'intestin, un élégant quadrillage à longues mailles rectangulaires. Il m'a semblé voir se détacher, des vaisseaux qui forment ces mailles, de petits ramuscules d'ordre inférieur, mais je ne saurais affirmer le fait.

Au point où la sixième artère thoracique croise l'intestin, la petite branche qui devrait s'étendre à ce niveau entre l'intestinale antérieure et les intestinales latérales manque, et est remplacée par cette forte ramification que nous avons vue naître de la sixième thoracique et former, unie à celle du côté opposé, un demi-anneau oblique autour de l'intestin (*ci*). Ce demi-anneau continue exactement la série des mailles rectangulaires qui sont situées au-dessus et au-dessous et ne diffère d'elles que par son volume plus grand et ses connexions, qui sont telles qu'il établit une communication de l'intestinale antérieure avec la sixième thoracique, et non avec les intestinales latérales. Cette communication constitue même pour la circulation intestinale un affluent important. La portion ascendante des intestinales latérales passe dans l'intérieur de l'anneau.

Au-dessus de la sixième artère thoracique, les mailles vasculaires rectangulaires deviennent, peu à peu, moins complètes, parce que l'artère intestinale antérieure s'étend plus loin vers le haut que les intestinales latérales, et que les rameaux qu'elle fournit n'en rencontrent plus d'autres venus à leur rencontre en sens inverse. Les

parties supérieures de l'intestin sont arrosées par des artères (*is*)
que je nommerai *intestinales supérieures*, venues des thoraciques supérieures et ramifiées d'une façon beaucoup plus irrégulière. La
transitionentre ce système de ramifications irrégulières et le système
des mailles rectangulaires s'établit d'une manière insensible vers le
quatrième et le troisième anneau (fig. 3). C'est aussi à ce niveau
que s'arrête l'artère intestinale antérieure.

Pour compléter cette trop longue description de la circulation
intestinale, il suffit d'ajouter que les artères intestinales latérales
(fig. 1, *il*) donnent aussi des ramifications parallèles et descendantes
à la face dorsale de l'intestin. Mais ces ramifications sont courtes,
non anastomosées et s'arrêtent avant d'atteindre le cœur.

L'*aorte supérieure* monte directement vers la tête. Dans le premier
anneau, elle fournit une petite branche transversale que nous avons
déjà vue s'anastomoser avec une autre semblable venue de l'artère
latérale et de laquelle naissent trois artérioles, l'une pour l'intestin,
l'autre pour le foie, la dernière pour les parties molles de la tête.
Plus haut, elle donne naissance à une paire d'artères ophthalmiques (*oc*, fig. 1) ; enfin, elle s'engage sous le cerveau pour passer dans
le collier œsophagien et se termine dans le front en une petite artère
insignifiante.

Les branches collatérales qu'elle donne dans la région céphalique
sont, comme toujours, très nombreuses. Il y en a six, dont quatre
sont paires et deux sont impaires et dorsales (fig. 2).

Les deux artérioles impaires naissent, la première au-dessous, la
seconde au-dessus du ganglion cérébroïde. Elles se portent en sens
inverse vers ce ganglion et, après l'avoir atteint, se divisent chacune
en deux branches qui se rendent vers l'œil en suivant les gros nerfs
optiques. Dans leur trajet elles fournissent au ganglion lui-même de
nombreuses et fines ramifications (fig. 2, *g*, *g'*).

Les deux artères paires supérieures sont formées par le tronc commun des antennaires (*a*). De ce tronc naissent un petit filet collatéral
pour le rudiment d'antenne interne, et deux grosses branches terminales, l'une pour l'antenne externe qu'elle parcourt jusqu'à son extrémité en donnant naissance à de nombreuses ramifications qui se détachent successivement comme les barbes d'une plume, l'autre que
je nommerai *artère faciale* (*f*, fig. 2 et 6), qui plonge dans l'épaisseur
des tissus et va se terminer sur les côtés de la face en se ramifiant.

Enfin la dernière paire de branches collatérales nées de l'aorte supérieure dans la tête forme le collier œsophagien vasculaire (*cœ*, fig. 2). Ces deux grosses et courtes branches se réunissent après avoir contourné l'œsophage et donnent naissance à l'artère prénervienne.

Le *système ventral* chez la Lygie se rapproche beaucoup de ce que nous avons vu chez l'Idotée. Il est formé presque entièrement par les branches ventrales des artères thoraciques, tandis que l'artère prénervienne, presque absente dans sa partie moyenne, ne prend qu'une part très restreinte à sa composition.

Lorsqu'on examine par la face ventrale une Lygie bien injectée dont on a coupé les pattes près de la racine ainsi que les branchies (fig. 6), on a une vue d'ensemble du système ventral. La portion épimérienne de chaque anneau, c'est-à-dire celle qui est située en dehors du point d'insertion des pattes, est parcourue par une artériole venue de l'artère thoracique correspondante, et qui se ramifie d'une manière très élégante (*ep*). A peine formée, chaque artère épimérienne se divise en deux branches, l'une interne, qui contourne le bord supérieur de la petite cavité où s'insère la patte, l'autre externe, qui descend dans l'épimère proprement dit pour s'y ramifier.

Dans l'abdomen, les rameaux épimériens (*ep'*, fig. 5 et 6) des aortes inférieures continuent, avec des modifications peu importantes, la série des vaisseaux épimériens thoraciques.

Les branches ventrales des artères thoraciques sont différentes dans les parties moyennes et extrêmes du thorax. Celles des deuxième, troisième, quatrième et cinquième anneaux sont relativement fines. Elles se portent à la rencontre de leur homologue du côté opposé, s'anastomosent avec elles sur la ligne médiane et forment une artère transversale d'où se détachent de fines ramifications verticales qui se répandent dans les parties molles environnantes.

Parmi ces ramifications verticales, l'une, médiane, née au point de rencontre des deux moitiés de l'artère transversale, représente en quelque sorte un tronçon de l'*artère prénervienne*, qui est discontinue dans la région thoracique moyenne. Les branches ventrales du septième anneau sont courtes et s'épuisent avant d'arriver jusqu'à la ligne médiane. Celles du premier anneau sont, au contraire, volumineuses et s'anastomosent avec le tronçon supérieur de l'artère prénervienne, qui est continue entre ce point et le collier œsophagien d'où elle tire son origine.

Les rameaux destinés aux mandibules et aux mâchoires viennent du collier œsophagien et de l'artère prénervienne ; ceux des pattes-mâchoires, au contraire, sont fournis par l'artère ventrale du premier anneau. Enfin, dans le sixième anneau thoracique, les artères ventrales, volumineuses comme dans le premier anneau, se conjuguent sur la ligne médiane, et de cette anastomose naît le segment inférieur de l'artère prénervienne, qui descend, sans s'interrompre désormais, dans l'abdomen entre les pédoncules des branchies.

Dans sa portion abdominale, cette artère fournit de menus filets disposés par paires, d'abord aux verges (qu'il ne faut pas confondre avec les appendices copulateurs dépendant de la deuxième paire. de branchies), puis aux pédoncules branchiaux des trois premières paires (*pb*). C'est dans ces derniers que s'épuise l'artère. Les filets pédonculaires ne sont pas transversaux. Leur origine est plus élevée que leur terminaison, en sorte qu'au niveau de la deuxième branchie on ne rencontre déjà plus le tronc principal.

Les rameaux pédonculaires des deux dernières paires de branchies sont fournis, comme nous l'avons vu plus haut, par les aortes abdominales.

Système veineux.

Le sang veineux déversé dans la grande lacune thoracique est recueilli par un *sinus abdominal* (*sa*, fig. 3), situé au-devant du rectum, beaucoup moins circonscrit que celui de l'Anilocre. Ce sinus le distribue aux branchies par cinq paires de vaisseaux qui se divisent chacun en deux branches dans les pédoncules de ces organes.

Circulation branchiale.

Les auteurs distinguent ordinairement deux catégories de lamelles branchiales, les supérieures (antérieures dans la position horizontale où ils placent l'animal) ou recouvrantes et les inférieures (postérieures) ou recouvertes. Aux premières serait dévolu un simple rôle protecteur, les dernières rempliraient seules la fonction respiratoire. Il y aurait, d'ailleurs, des exceptions à cette règle. Chez les Sphéromes, par exemple, Duvernoy et Lereboullet[1] n'admettent, comme chargées

---

[1] *Essai d'une monographie des organes de la respiration de l'ordre des Crustacés isopodes* (*Compt. rend. Acad. sc.*, Paris, 1840, t. XI, p. 881-894).

d'un rôle actif dans la respiration, que les lames recouvertes des deux dernières paires de branchies, celles que nous avons vues présenter des plicatures saillantes, soit, en tout, quatre lames sur vingt, les seize autres étant simplement protectrices.

Ce luxe de protection nous paraît un peu exagéré. Qu'il y ait des différences dans le degré de perfection fonctionnelle des différents appendices branchiaux, cela est possible et même probable ; mais dénier pour cela toute fonction respiratoire aux lames recouvrantes, nous ne saurions l'admettre, surtout après avoir vu que la structure intérieure de ces lames est identique dans toutes et que le sang suit dans leur intérieur la même marche. Dans toutes, le sang arrive des cavités veineuses par le bord interne et retourne au péricarde en suivant le bord externe, après avoir parcouru, dans la branchie, un système de lacunes propre à le mettre en contact avec l'eau par une large surface. Je me contenterai de demander à MM. Duvernoy et Lereboullet, et à ceux qui ont adopté leur manière de voir, si, dans le cas où toutes les lamelles branchiales des Sphéromes et des autres Isopodes auraient été identiques aux lamelles prétendues protectrices, si, dans ce cas, dis-je, ils auraient été chercher, ailleurs que dans ces lamelles, l'organe de la respiration. Nous croyons pouvoir affirmer que l'identité de structure que nous avons jusqu'ici rencontrée entre les lames branchiales de chaque paire suffit pour montrer qu'elles accomplissent, l'une et l'autre, la même fonction.

Chez les Lygies, un autre cas se présente. La lame recouvrante de chaque paire a une structure très différente de la lame recouverte.

Tandis que cette dernière présente, comme d'ordinaire, un système de lacunes déterminées par des points d'adhérence régulièrement distribués dans la cavité de la lamelle branchiale entre les deux parois qui la limitent (fig. 5, Bi), la lame recouvrante (Bs), au contraire, est parcourue par les véritables canaux ramifiés. Ces canaux sont intriqués d'une manière très élégante et de telle sorte qu'un canal veineux est toujours contenu dans l'angle qui sépare deux canaux artériels, et réciproquement. Un simple coup d'œil sur la figure 5 de la planche V en dira plus, sur cette disposition, que la description la plus minutieuse. Il n'y a, d'ailleurs, que très peu de variétés individuelles entre les diverses lames recouvrantes. Contentons-nous de faire remarquer que les voies artérielles sont superficielles et externes par rapport aux voies veineuses, qui sont profondes et internes. Ce dernier rapport de leur position rentre dans la règle générale.

Doit-on considérer ces lames recouvrantes avec leur riche réseau vasculaire, avec leurs connexions veineuses et artérielles, comme indifférentes au point de vue respiratoire, ou même comme consommant l'oxygène du sang? Nous ne le croyons pas. Toutes les lamelles branchiales, même chez les Lygies, malgré leurs différences de structure, concourent à l'accomplissement de la fonction respiratoire et elles sont même certainement plus efficaces, sous ce rapport, que la face antérieure du telson des Cymothoadiens, des Idotéides et des Sphéromiens, que nous avons, sans hésiter, considérée comme jouant le rôle d'une branchie accessoire.

Vaisseaux branchio-péricardiques.

Les vaisseaux *branchio-péricardiques*, au nombre de cinq paires, n'offrent rien de particulier et nous nous contenterons de mentionner leur existence. .

Quant au septième segment de l'abdomen, il est peu développé et sa circulation n'offre aucune particularité qui permette de lui attribuer un rôle quelconque dans la respiration.

Jetons maintenant un coup d'œil snr l'ensemble de l'appareil circulatoire de la Lygie.

Si nous mettons de côté les particularités de la circulation branchiale, sur laquelle nous avons suffisamment insisté, nous voyons que le systëme artériel de cet Isopode diffère de celui des types précédemment étudiés en deux points :

Premièrement, les aortes abdominales naissent sur les côtés du cœur, d'un tronc qui leur est commun avec les artères thoraciques de la septième paire. En second lieu, les pédoncules des deux dernières paires de branchies sont tributaires d'un rameau de ces aortes et non de l'artère prénervienne.

Il serait exagéré de dire que ces différences empêchent de rapporter au type commun l'appareil circulatoire de la Lygie, mais elles sont néanmoins assez grandes et nous n'avons pu trouver, ni dans le reste de l'organisation ni dans la biologie de l'animal, aucune explication de leur existence.

PRANIZIDES (ANCÉIDES).

ANCEUS HALIDAII (SP. BATE ET WESTWOOD).

(Pl. VI.)

Dans les classifications nouvelles, la famille des Pranizides fait partie d'un groupe aberrant parmi les Isopodes, celui des *Anisopodes*, auquel M. Claus [1] assigne, entre autres caractères, celui d'avoir des pattes abdominales biramées *qui ne fonctionnent pas comme branchies* (p. 462). En outre, les Ancées posséderaient, comme les Tanais, *une lamelle respiratoire oscillante sous le bouclier céphalo-thoracique* (p. 459). Pour les Tanais, nous verrons plus tard ce qu'il en est de ces caractères ; mais pour ce qui est des Pranizes, disons tout de suite qu'aucun des deux n'est applicable. Il est facile de s'assurer que les globules du sang circulent activement dans les branchies et qu'aucune disposition circulatoire spéciale n'autorise à considérer les pattes-mâchoires comme chargées de la respiration. Je me range complètement à l'avis de M. Dohrn (XXVI), qui pense que le mouvement incessant de ces derniers appendices est en rapport avec l'alimentation de l'animal. L'ouverture buccale est, en effet, un tout petit trou rond qui ne peut guère laisser passer que des particules très fines, comme celles que peut charrier un courant d'eau. Au surplus, je n'ai étudié que la femelle, les mâles étant beaucoup plus rares, et je ne veux nullement conclure d'un sexe à l'autre dans un genre où le dimorphisme est si prononcé. Toujours est-il que, chez la femelle, l'appareil circulatoire est parfaitement conforme au type Isopode et ne se distingue que par sa grande simplicité, en rapport avec le peu de perfection de tous les autres appareils de l'animal.

Les Pranizides que l'on trouve à Roscoff se rapportent toutes, je crois, à deux espèces seulement. L'une est la *Praniza* (ou *Anceus*) *maxillaris* (Lam.), que l'on rencontre dans la cavité intérieure des *Sycon* (Riss.), généralement réunies par petits groupes, jeunes et adultes, mâles et femelles, ces dernières avec de nombreuses variétés de couleur dont quelques-unes répondent parfaitement à l'épithète de l'espèce synonyme, *P. cærulcata* (Desm.). L'autre est la *P.* (ou *A.*)

---

[1] *Traité de zoologie,* trad. Moquin-Tandon sur la 3e édit. allemande.

Halidaii (sp. Bate et Westwood). C'est sur la femelle de cette dernière que j'ai fait mes recherches.

J'ai rencontré ces Pranizes à une courte distance de Roscoff, sur les bords de deux petites rivières bourbeuses, celle de Penzée et celle de Morlaix. Leur station est assez élevée pour que l'eau ne les atteigne qu'à un moment où, vu le faible débit de la rivière, la salure de l'eau marine est à peine diminuée par le mélange de l'eau douce. On les trouve en grand nombre dans les minces couches de vase à demi desséchée, interposées aux assises schisteuses qui forment le sol. Elles se creusent dans cette vase de courtes galeries terminées en cul-de-sac, au fond desquelles on les trouve par groupes de deux à quatre, rarement plus, rarement aussi tout à fait seules. Souvent au fond de la même galerie se tiennent un Ancée adulte et une Pranize bourrée d'embryons; mais il n'est pas rare de rencontrer deux ou trois Pranizes seules ou bien encore un ou deux Ancées sans femelles à côté d'eux.

Les individus qui habitent les galeries sont presque tous des mâles adultes ou des femelles portant leurs embryons dans leur cavité incubatrice. Les jeunes encore munis de leur appareil suceur y sont rares ou se trouvent épars à la surface même de la vase où la marée les a abandonnés en se retirant. Leur station ordinaire est sur les poissons, ainsi que M. Hesse l'a fait remarquer. J'ai pu me convaincre de ce fait très facilement. Trois plies pêchées le même jour dans la rivière portaient chacune environ une trentaine de jeunes Pranizes fixées sur elles par leur appareil suceur.

Un mot encore sur la biologie de ces êtres. Les jeunes se conservent difficilement vivants et il m'a été impossible d'observer la métamorphose d'individus que j'avais séquestrés en les mettant dans un aquarium encore fixés à la plie qui les portait. Les femelles pleines d'embryons ne vivent pas non plus au-delà de quelques semaines. Mais les mâles se conservent très bien dans un simple tube de verre plein de la vase dans laquelle ils creusent leurs galeries. Des Ancées que j'avais ainsi oubliés dans un tube relégué au fond d'une armoire depuis plus d'un an sont encore vivants en ce moment.

Cœur et péricarde.

Le *cœur* est situé en partie dans le thorax, en partie dans l'abdomen. Il s'étend du milieu du troisième anneau abdominal jusqu'un peu au-dessus de l'insertion des dernières pattes thoraciques, c'est-à-dire de celles de la cinquième paire, car on sait que la première et la septième sont modifiées ou absentes, ainsi que les anneaux correspondants. Renflé vers son extrémité supérieure, il est conique et allongé dans le reste de son étendue. Dans la figure 1, l'injection, en le dilatant, a altéré sa forme. La figure 3 représente sa partie supérieure à l'état normal:

Il n'est maintenu en place que par les artères qu'il émet et par deux petits tractus qui fixent son sommet tourné en bas aux parois voisines. Le tube digestif étant tout à fait atrophié à son niveau, sa soudure avec cet organe n'aurait aucune efficacité pour le soutenir.

Il est percé de quatre fentes en forme de boutonnières, qui le font communiquer avec le péricarde. Ces ouvertures sont situées, la plus élevée, à gauche, à la limite du thorax et de l'abdomen, et les suivantes, alternant toujours d'un côté à l'autre, dans les trois premiers anneaux de l'abdomen. Ces fentes sont bordées par deux fibres musculaires très nettes (fig. 3).

Le *péricarde*, limité par une membrane très mince, est si étroit que sa cavité ne devient visible que pendant la systole du cœur. Pendant la diastole, le cœur s'applique aux parois du péricarde et le remplit presque complètement. Cependant, à la partie inférieure, il n'en est pas ainsi, car le péricarde s'étend jusqu'à l'extrémité de l'abdomen, tandis que le cœur s'arrête à la partie moyenne.

Système artériel.

De l'extrémité supérieure du cœur partent sept artères, dont une impaire est l'aorte, et les six autres (*t*, fig. 1) sont symétriques et forment trois paires. La paire inférieure naît à une petite distance du sommet, elle se porte directement en dehors vers la sixième paire de pattes [1]. Ces artères n'ont pas été vues par Dohrn (XXVI). Elles échappent en effet toujours à l'examen par transpa-

---

[1] On sait que chez les Pranizes le premier anneau est soudé à la tête, que le septième manque et que les quatrième, cinquième et sixième sont soudés entre eux et constituent une grande cavité indivise, qui à un certain moment est presque entièrement occupée par une énorme poche remplie d'embryons. Nous conserverons aux anneaux et aux membres les numéros qu'ils auraient eus si tous avaient été bien développés. La première paire de pattes visibles sera donc la deuxième, etc.

rence, parce que, dès leur origine, elles plongent dans la profondeur des tissus. Les cinq autres artères se touchent toutes à leur base, mais les deux inférieures divergent immédiatement pour se porter en dehors, contourner la poche qui contient les embryons et se jeter dans les membres de la cinquième paire.

Les artères de la paire supérieure, au contraire (l), restent accolées à l'aorte pendant la plus grande partie de leur trajet. Elles montent avec elle, couchées dans un profond sillon qui divise en deux lobes latéraux le sac contenant les embryons, et ne commencent à diverger, pour se terminer dans les pattes de la deuxième paire, qu'à la partie supérieure de la grande cavité formée par la soudure des trois anneaux inférieurs. Par leur bord externe, elles fournissent les artères thoraciques du troisième et du deuxième anneau, et par leur bord interne elles donnent naissance à un rameau beaucoup plus fin (x) qui se termine dans les pattes-mâchoires, c'est-à-dire dans les appendices du premier anneau soudé avec la tête. Il résulte de cette distribution que ces deux artères correspondent parfaitement aux *artères latérales* des Isopodes normaux.

L'*aorte*, avons-nous dit, naît entre les deux artères latérales au sommet même du cœur. Elle est pourvue à son origine d'une valvule remarquable sur laquelle je crois utile d'attirer un instant l'attention.

Dohrn (XXVI), qui a vu cette valvule, la caractérise simplement par l'épithète de *zweilippig,* c'est-à-dire : à deux lèvres. Cette valvule cependant est bien différente de celles que nous avons vues chez la Conilère ou la Paranthure et qui sont suffisamment définies par le qualificatif en question. La valvule des Pranizes est formée de deux lames triangulaires fixées par leur bord inférieur horizontal à la paroi latérale du vaisseau (fig. 3, yz). Ces lames ne sont pas libres et flottantes, comme d'ordinaire, dans le reste de leur étendue. Leurs bords postérieurs verticaux (xy) se soudent entre eux et à la paroi dorsale de l'aorte, et ce sont leurs bords antérieurs (xz), courbes, qui limitent entre eux une ouverture oblique en haut et en avant qui s'ouvre et se ferme alternativement. On ne voit, en effet, jamais, en examinant l'animal par le dos, la ligne xy se dédoubler; les lignes xz, au contraire, seules battent rythmiquement. Je n'ai eu l'explication de cet aspect singulier qu'en examinant le cœur par la face ventrale, après avoir enlevé tous les tissus opaques qui gènent l'observation, sans cependant trop blesser l'animal. J'ai vu alors nettement l'ouverture elliptique limitée entre les bords obliques *xz*, et les globules s'élancer dans l'aorte par la voie qu'elle leur ouvrait.

Mais revenons à l'aorte (*as*). Elle monte, avons-nous dit, dans le même sillon que les artères latérales et arrive jusque dans la tête sans se ramifier. Parvenue au niveau des yeux, elle se dilate en un petit renflement losangique des angles duquel partent deux petites artères ophthalmiques (*oc*) qui se rendent aux yeux et se divisent en fins ramuscules. Puis l'aorte, reprenant son volume primitif, arrive au sommet de la tête et là se divise en trois branches, l'une terminale, très fine, qui se perd dans le prolongement supérieur de la tête, et deux latérales plus volumineuses, qui se portent en haut et en dehors, vers la base des antennes, et se divisent en deux branches, une pour chacun de ces appendices.

Je n'ai point trouvé de collier œsophagien ni d'artère prénervienne. Le *système ventral* n'est cependant pas absent.

Parlant des artères thoraciques, Dohrn (XXVI) dit simplement qu'elles se rendent aux pattes. Je ne sais ce qu'il en est dans la *P. maxillaris* qu'il a étudiée, mais dans la *P. Halidaii* il en est autrement. Non seulement ces artères ne se terminent pas dans les pattes, mais elles leur envoient seulement un petit rameau (fig. 1, 2 et 5) et la branche principale, véritable prolongement de l'artère par son volume et par sa direction, se déviant un peu en dedans, devient tout à fait transversale et sert à l'irrigation de la face ventrale de l'animal. Chacune de ces artères ventrales possède une paroi indiscutable, aussi résistante et aussi nette que celle de l'aorte. Elle s'avance en dedans en se ramifiant, mais bientôt elle perd brusquement ses parois qui s'insèrent en se dissociant sur les parties voisines et déverse son contenu dans la grande lacune thoracique. Les ramifications latérales, qui sont toutes de premier ordre seulement, se comportent comme le tronc principal. Les injections ne laissent aucun doute à cet égard. Elles montrent (fig. 2) les vaisseaux, très nettement circonscrits, terminés tous par un semis de granulations colorées, résultat de l'épanchement du chromate de plomb dans un petit rayon autour de l'ouverture terminale. L'uniformité constante de cette disposition montre qu'elle n'est pas le résultat d'une rupture.

Toutes les artères ventrales se comportent de la même façon.

Quant au rameau crural de l'artère thoracique, il est très fin et parcourt la patte sans donner de ramifications (fig. 5).

Ici se place une remarque que je crois importante au point de vue de la valeur des renseignements que peut fournir, dans cet ordre d'études, le simple examen par transparence.

Avant d'avoir réussi à injecter les vaisseaux des pattes, j'ai souvent examiné ces dernières au microscope. Leur transparence était telle, que je voyais parfaitement jusqu'aux prolongements amiboïdes des globules arrêtés. Et cependant *jamais il ne m'est arrivé de voir dans leur intérieur le moindre indice de vaisseau.* Dohrn, chez la *P. maxillaris*, n'a pas été plus heureux. C'est à l'emploi exclusif de ce moyen d'étude que j'attribue les lacunes laissées par cet auteur dans sa description de l'appareil circulatoire de la Pranize. Une injection bien réussie montre en effet avec la dernière évidence un vaisseau nettement arrondi et bien circonscrit dans l'intérieur de chaque patte.

Un dernier mot avant de quitter la description du système artériel. Existe-t-il des artères viscérales, ou les viscères baignés par le sang veineux sont-ils privés d'artères nourricières propres? Je crois pouvoir trancher la question dans ce dernier sens, et cependant il me revient des doutes toutes les fois que j'examine certaines préparations que j'ai conservées. Elles montrent nettement des filaments se détachant de quelque artère et se rendant à un viscère ou à la paroi du corps. Ces filaments sont-ils creux ou pleins? Sont-ils des vaisseaux ou de simples tractus cellulaires? J'incline vers cette dernière hypothèse, car s'ils avaient un diamètre suffisant pour admettre des globules du sang, je ne conçois pas comment ils n'auraient pas été injectés lorsque les vaisseaux des pattes étaient remplis. Il ne serait pas impossible que ces filaments représentassent des vaisseaux qui ont été perméables chez le jeune et qui se sont atrophiés après la fécondation, alors que tous les systèmes ont subi une régression et une atrophie notables, tandis que la cavité incubatrice se développait à leurs dépens.

Circulation veineuse.

Lorsqu'on examine une patte d'un individu bien vivant, on voit que les globules apportés par les artères ne sont pas tous obligés de la parcourir jusqu'à son extrémité pour gagner le vaisseau efférent du membre. C'est même le plus petit nombre qui suit ce long trajet. En certains points fixes, on voit des séries de globules quitter l'artère par quelque orifice percé dans ses délicates parois et suivre immédiatement un trajet rétrograde. Arrivés à la racine du membre, tous tombent, sans distinction, dans la grande lacune thoracique.

Cette même lacune, comme nous l'avons vu, reçoit le contenu des artères ventrales, largement ouvertes à leurs extrémités, en sorte qu'elle arrive à recevoir la totalité du sang du corps. Ce liquide n'est d'ailleurs nullement endigué dans son intérieur : la réunion des interstices interviscéraux la constitue et c'est à peine si le courant· sanguin est plus rapide sur les parties latérales, comme pour rappeler les sinus qui se trouvent à cette place chez les Isopodes supérieurs.

Marchant ainsi de haut en bas, tout le sang veineux se réunit finalement à la base de l'abdomen, dans lequel il pénètre par un large orifice pour entrer dans un grand *sinus abdominal* (fig. 4, *sa*) qui occupe tout l'espace laissé libre par les autres viscères.

De ce sinus, partent cinq paires de gros vaisseaux correspondant aux cinq paires de branchies.

Circulation branchiale.

Chez la femelle pleine d'embryons, les deux lames constituantes de chaque branchie sont semblables entre elles, à cela près que la supérieure (Bs, fig. 4) est un peu plus grande que l'inférieure. Elles sont formées d'une vésicule modérément aplatie, dont la cavité est divisée en deux loges par un septum qui s'étend d'une face à l'autre. Ce septum n'atteint pas jusqu'au sommet de la lame branchiale et ménage, en ce point, une ouverture qui fait communiquer les deux loges entre elles. Le sang est apporté dans la loge interne par les vaisseaux venus du sinus prérectal, qui se sont divisés dans chaque pédoncule en deux branches, une pour chaque lame. De la loge interne, il passe dans l'externe après avoir fait le tour de l'organe et est recueilli par un vaisseau efférent qui s'anastomose dans le pédoncule avec celui de la lame voisine pour constituer un vaisseau branchio-péricardique. Il y a loin de cette simplicité aux lacunes branchiales compliquées des Isopodes supérieurs.

Chez les femelles jeunes et encore pourvues de leur appareil suceur, les deux lames de chaque branchie sont différentes (fig. 6).

L'interne (B*i*) ne diffère guère de celle de la femelle adulte, elle est seulement munie de quelques soies que l'on n'observe pas chez cette dernière. Mais l'externe (Bs) est ferme, mince et munie à son sommet de longues et fortes soies plumeuses, parfaitement rigides. Le mouvement des globules, très vif dans la lame interne, est ici très faible, presque nul.

Il y a donc chez les jeunes, dans l'appareil appendiculaire de l'abdomen, une division du travail nettement accentuée et bien en rapport avec la vie active qu'elles mènent à cet âge. Devant nager rapidement, elles ont les lames recouvrantes de leurs branchies conformées comme des rames, tandis que les lames recouvertes, plus délicates, remplissent presque seules la fonction respiratoire. Chez les adultes chargées d'embryons, qui se traînent péniblement sur la vase, une pareille division du travail devient inutile et les deux lames branchiales perdent leurs soies, l'interne d'abord, puis l'externe ; elles deviennent l'une et l'autre vésiculeuses, et le mouvement circulatoire acquiert, dans leur intérieur, une égale rapidité.

Les appendices du sixième article abdominal restent toujours munis de soies plumeuses et ne concourent jamais à la respiration. Le mouvement des globules y est presque nul. On voit fréquemment quelques-uns de ces organites arrêtés dans leur intérieur ; mais lorsque j'ai voulu saisir leur arrivée ou leur départ, ils ont toujours lassé ma patience.

Vaisseaux branchio-péricardiques.

Je ne dirai que peu de chose de ces derniers vaisseaux. Nés, dans les pédoncules branchiaux, de l'anastomose des vaisseaux efférents des lames, ils se portent au péricarde [en suivant la courbure des anneaux dorsaux et s'ouvrent largement dans sa cavité. Ici, pas plus qu'ailleurs, il n'y a de valvule au point où ils débouchent dans le péricarde.

En résumé, l'appareil circulatoire des Pranizes diffère de celui des Isopodes supérieurs par sa simplicité et le non-développement de certaines parties, telles que l'artère prénervienne, mais non par sa disposition générale. L'atrophie de certaines parties du système circulatoire n'a rien, d'ailleurs, qui doive nous étonner chez une femelle qui semble ne plus vivre que pour permettre aux embryons qu'elle porte d'atteindre le moment où ils pourront vivre sans son secours.

BOPYRIDES.

BOPYRUS SQUILLARUM (LATR.).

(Pl. VII.)

La famille qui contient le Bopyre appartient au groupe des Isopodes sédentaires que Milne-Edwards, dans sa classification, place au même rang que les groupes beaucoup plus nombreux des Isopodes nageurs ou marcheurs. A ce titre, je devais en faire l'étude. Mais les Bopyrides se recommandaient à mon attention par des particularités bien plus importantes. Le dimorphisme est très marqué chez eux. Le mâle est très petit, à peu près régulièrement conformé, et vit en parasite, caché entre les branchies de sa femelle, qui est beaucoup plus grosse, très déformée et est, elle-même, parasite sur des Crustacés supérieurs.

Il eût été très intéressant de comparer l'appareil circulatoire du mâle à celui de la femelle. Malheureusement le premier est si petit (sa taille ne dépasse pas 1 millimètre dans l'espèce que nous avons étudiée), et il est en même temps si complètement opaque, que nous n'avons pu rien voir de son appareil circulatoire.

Mais il était intéressant aussi de chercher quelles modifications les adaptations nouvelles du parasitisme avaient fait subir à l'appareil circulatoire de la femelle et nous croyons les avoir mises en lumière. Ces modifications résultent principalement de l'aplatissement qu'a subi l'animal dans son étroite prison, et surtout de l'amincissement de ses téguments, qui, protégés par la carapace de l'hôte, ont pu, sans danger, devenir très délicats dans certains points et s'approprier à la fonction respiratoire.

De cette appropriation à une fonction nouvelle de certaines parties du corps et en particulier des lobes latéraux de l'abdomen, sont résultés nécessairement certains changements dans l'appareil circulatoire. Mais, malgré ces changements, *le type des Isopodes supérieurs est conservé et se manifeste clairement.*

Le *Bopyrus squillarum* (Latr.) ne diffère point du *B. palæmonis* (Risso) et se trouve fréquemment sur la Crevette commune, le *Palæmon serratus* (Fabr.). Sa taille varie de 5 à 6 millimètres. Il occupe la cavité branchiale de son hôte et détermine une petite tumeur. Sa position est constante. Si l'on suppose le Palémon placé la tête en haut et la face ventrale en avant, le Bopyre aura constamment la tête en haut et la face ventrale en dehors. De plus, la convexité de son axe, qui, comme on sait, est toujours courbe, est tournée en avant, ce qui tient à ce que celui de ses côtés qui est en contact avec le bord antérieur de la carapace de la crevette, épouse les contours de cette carapace, devient convexe et provoque une courbure parallèle de l'axe. Il résulte de cela que, selon qu'un Bopyre aura habité la cavité branchiale droite de la Crevette ou la gauche, il aura son axe convexe à gauche dans le premier cas, à droite dans le second. On peut ainsi, en examinant un Bopyre, dire à quel côté de son hôte il était fixé. Ainsi, celui qui a servi de modèle aux figures 1 et 2 de la planche VII était évidemment dans la cavité branchiale droite du Palémon. Il est inutile d'ajouter que ce qui précède et tout ce qui va suivre s'applique uniquement à la femelle, que j'ai seule pu étudier.

Cœur et péricarde.

Le *cœur* (fig. 1, *c*, et fig. 6) est situé, comme d'ordinaire, à la base de l'abdomen, sur la ligne médiane. Il n'est pas tubuleux, mais presque aussi large que long et à peu près piriforme. Il est entouré d'un *péricarde* (*p*), à parois délicates et à peine plus grand que lui, dans lequel débouchent onze vaisseaux afférents.

Ses moyens de fixité sont, d'abord, l'aorte à laquelle il donne naissance et qui, elle-même, est maintenue en place par les branches qu'elle envoie aux organes, puis un petit nombre de tractus courts qui se détachent de son tissu pour s'insérer au péricarde (fig. 6).

Examiné à un grossissement de deux à trois cents diamètres, il se montre formé par un réticulum de fibres musculaires enchevêtrées d'une manière très compliquée (fig. 6). Sur quatre points de sa face dorsale situés symétriquement, deux à droite et deux à gauche, on remarque quatre enfoncements nettement limités en dedans par une fibre courbe très saillante et regagnant insensiblement en dehors le niveau de la surface générale. Au fond de ces quatre dépressions qui jouent en quelque sorte le rôle de vestibules, se trouvent quatre fentes qui donnent accès dans la cavité du cœur.

Ces fentes sont en forme de boutonnières et sont limitées chacune par deux fibres musculaires qui, réunies à leurs extrémités, peuvent, en écartant et en rapprochant alternativement leur partie moyenne, ouvrir ou fermer l'ouverture qu'elles circonscrivent. La fermeture de l'orifice est seule produite activement par les fibres limitantes ; l'ouverture a lieu par suite de la contraction des fibres voisines pendant le relâchement des premières. Pour bien voir les quatre orifices et les mouvements dont ils sont le siège, il est nécessaire de choisir des individus jeunes et peu pigmentés. Encore est-il rare d'en trouver qui montrent le cœur également bien dans toutes ses parties.

Système artériel.

Du cœur part une seule artère, qui représente *l'aorte thoracique* des Isopodes supérieurs (*as,* fig. 1).

La cavité du thorax est en grande partie occupée par deux grands ovaires, presque contigus sur la ligne médiane et divisés, du côté antérieur, en lobes allongés, simples ou ramifiés (OV, fig. 1, 2 et 5). En avant de ces ovaires, sur la ligne médiane, est le tube digestif (I), qui commence par un gros estomac globuleux (E) situé dans la tête et dans le premier anneau, et dont les parties latérales sont munies d'appendices glandulaires ramifiés (H) que je considère comme de nature hépatique. C'est dans le sillon limité en avant par l'intestin et latéralement par les ovaires que se trouve couchée l'aorte.

Elle monte en suivant l'axe courbe du corps jusqu'à l'estomac, et là se divise en deux branches terminales formant entre elles un angle très ouvert (fig. 1). Dans son trajet, elle émet de nombreuses branches latérales, dont les unes, petites et irrégulières, sont destinées à l'appareil digestif, tandis que les autres, au nombre de douze, volumineuses et régulièrement disposées, constituent les *artères thoraciques* des six anneaux inférieurs.

Ces *artères thoraciques* (*t,* fig. 1 et 3) ont toutes la même distribution ; elles se portent directement en dehors, couchées sur les lobes de l'ovaire, vers leurs pattes respectives, et fournissent chacune quatre ordres de ramifications. Les unes (*h,* fig. 5) sont destinées au tube digestif et à ses appendices hépatiques; elles se détachent de l'artère dès son origine, passent sous l'ovaire et se ramifient dans les parois de l'intestin et dans les lobes des appendices latéraux. C'est quelquefois l'aorte qui les fournit directement. Les secondes (*g*) sont destinées à l'ovaire; elles se détachent successivement du tronc et se perdent dans cet organe. La troisième (*ep*) se ramifie dans les lobes épimériens de l'anneau auquel appartient l'artère qui lui donne naissance. La dernière, enfin, est destinée à l'appendice de la cavité incubatrice (fig. 3 et 7). Ces appendices bordent seulement les contours latéraux de la cavité ovigère, qui est suffisamment fermée en avant par la carapace du Palémon. Ils sont, surtout le dernier, qui est plus grand (fig. 7), richement pourvus de vaisseaux. Après avoir fourni ces diverses branches latérales, l'artère thoracique pénètre dans la patte, qu'elle parcourt jusqu'au sommet.

Les deux branches terminales de l'aorte se portent en dehors et, après un court trajet, se bifurquent. La branche de bifurcation externe n'est autre que l'artère thoracique du premier anneau, qui ne diffère en rien de ses homologues; la branche interne est une *artère stomacale* très remarquable par sa distribution (fig. 1). Elle s'engage sous l'estomac (E) et en suit le contour extérieur dont elle reste très voisine. Arrivée au niveau du bord supérieur de cet organe, elle redevient tout à fait marginale, ce qui fait qu'elle n'est plus cachée sous lui et s'anastomose à plein canal avec l'artère homologue du côté opposé. De cette ceinture artérielle qui entoure l'estomac, partent deux sortes de branches. Les unes, dirigées en haut, naissent du bord supérieur de l'arcade et se rendent aux antennes et au lobe frontal. Les autres, beaucoup plus considérables et plus nombreuses, naissent du bord interne et se répandent sur l'estomac, dont elles sillonnent la surface dans le sens longitudinal.

Lorsqu'on ouvre cet organe et qu'on examine sa face intérieure, on voit qu'elle est hérissée d'une multitude de saillies papilleuses que je ne saurais mieux comparer qu'aux villosités intestinales des Vertébrés. Ces papilles sont toutes parcourues (fig. 8) par une artériole venue du réseau superficiel de l'organe, et dans les papilles les plus volumineuses, l'artériole se divise même en deux branches parallèles. Vu à un fort grossissement, l'ensemble de ces papilles sur un individu finement injecté est d'un aspect très élégant et donne une idée de la vascularité extrême de cet estomac.

Existe-t-il d'autres vaisseaux artériels? Pour ce qui est d'une artère prénervienne, je crois pouvoir dire que non. Mais je n'oserais affirmer que, de la ceinture péristomacale, ne se détache pas quelque rameau formant avec son symétrique un collier œsophagien. Mon attention n'avait pas été attirée encore sur son existence chez les Isopodes supérieurs, lorsque j'ai étudié le Bopyre, et il ne serait pas impossible qu'il ait échappé à mes investigations. Quoi qu'il en soit, je dois dire que je n'ai rien trouvé qui me permette d'affirmer qu'il existe.

Système veineux.

Arrivé aux extrémités des artères, le sang qui a circulé dans les viscères tombe dans une grande lacune, constituée par les interstices des organes contenus dans le thorax (L, fig. 2). Mais celui des pattes est recueilli à son retour par deux grands sinus qui courent sur les parties latérales du corps (*sl*, fig. 2 et 3), en arrière de la base des pattes.

Ces *sinus thoraciques* prennent naissance sur les côtés de la tête et, suivant la courbure du corps, arrivent jusqu'à la base de l'abdomen. Chacun d'eux est percé sur son bord interne de sept orifices correspondant aux sept anneaux du thorax, et le sang de la grande lacune veineuse, plus ou moins dirigé par les lobes de l'ovaire, pénètre par ces orifices dans le sinus qui finit par recueillir ainsi tout le sang veineux du corps.

Jusqu'ici, l'appareil circulatoire est resté, dans ses grands traits, semblable à celui des Isopodes supérieurs. Pour que la ressemblance continuât, il faudrait que ces sinus latéraux, réunis en un sinus abdominal médian, portassent tout le sang qu'ils contiennent aux branchies. Mais il n'en est pas ainsi et c'est ici que se montre une disposition spéciale résultant de l'adaptation des lobes de l'abdomen à la fonction respiratoire.

Arrivé à la limite du thorax et de l'abdomen, chaque sinus thoracique se divise en deux branches, l'une interne, l'autre externe.

La branche interne (*sa*, fig. 2 et 4) se dirige d'abord en dedans, et, après avoir recueilli par un dernier orifice le sang de la grande lacune qui aurait pu s'accumuler à ce niveau, se recourbe, devient parallèle à l'axe de l'abdomen et descend en dedans de la base des branchies. Elle fournit à chacune d'elles un rameau afférent (*af*) qui se détache de son bord externe et plonge bientôt dans la profondeur des tissus. Elle ne se confond point avec celle du côté opposé, et leur ensemble, malgré cette séparation, représente exactement le sinus veineux prérectal.

La branche externe (*sa'*, fig. 2 et 4), continuant à peu près la direction du sinus qui lui a donné naissance, court en décrivant des sinuosités le long des parties latérales de l'abdomen et envoie dans chacun de ses lobes un petit rameau (*v*) qui s'y ramifie. Cette branche, malgré son origine, représente donc parfaitement, par sa distribution, l'aorte abdominale double des Isopodes ordinaires. Arrivée au sommet de l'abdomen, elle s'anastomose en haut avec la terminaison de la branche interne et en dedans avec celle de la branche externe du côté opposé. De la partie inférieure de cette anastomose partent· des ramifications pour le lobe moyen, qui représente le sixième article abdominal.

Circulation branchiale.

Les branchies sont, comme d'ordinaire, au nombre de dix, formant cinq paires, mais chacune est réduite à une simple lame insérée sur l'abdomen sans l'intermédiaire d'un pédoncule. Peut-être pourrait-on la considérer avec plus de raison comme représentant le pédoncule lui-même qui se trouverait en ce cas dépourvu d'appendices. Chaque branchie est vésiculeuse et épaisse, bien qu'aplatie de haut en bas.

Le sang conduit par le vaisseau afférent (*af*), qui suit son bord interne (fig. 4), se répand par de courtes ramifications dans sa cavité, respire et est repris par les ramifications du vaisseau efférent (*ef*), qui suit le bord externe de l'organe.

Le sang apporté dans les lobes latéraux de l'abdomen par les branches (*af'*) du sinus abdominal externe se comporte de même ; il respire et est repris par les ramifications du vaisseau efférent.

Celui-ci (*ef'*, fig. 1 et 4) se porte en ligne droite vers le péricarde ; mais, au milieu de son trajet, il reçoit le vaisseau efférent (*ef*) de la branchie et, uni à lui, constitue un vaisseau branchio-péricardique (*bp*).

Vaisseaux branchio-péricardiques.

Cinq paires de vaisseaux se trouvent ainsi constituées. Continuant la direction des vaisseaux efférents des lobes de l'abdomen, ils se rendent au péricarde dans lequel ils débouchent par dix ouvertures. Le vaisseau efférent du sixième article abdominal, impair et médian, auquel ne correspond aucune branchie, chemine seul jusqu'au péricarde et constitue véritablement un onzième vaisseau branchio-péricardique. Pour lui refuser ce titre, il faudrait dénier aux lobes de l'abdomen la fonction respiratoire. Or, cela me semble peu soutenable. Dans l'interprétation des fonctions d'un organe que l'on suppose pouvoir jouer le rôle de branchie, et en l'absence de toute expérience physiologique, il faut moins se guider sur l'apparence extérieure des parties que sur la marche du sang dans leur intérieur et sur les connexions des vaisseaux qui les parcourent.

Si maintenant nous jetons un coup d'œil sur l'ensemble de la circulation chez le Bopyre, nous voyons que le système artériel ne diffère pas dans sa disposition générale de ce qu'il est chez les Isopodes supérieurs ; seulement il est plus réduit dans son extension et cette réduction est plutôt, pensons-nous, une conséquence de la petite taille de l'animal que de son infériorité organique. Ainsi l'artère prénervienne et le système ventral manquent, parce que la face ventrale de l'animal est très rapprochée de sa face dorsale et que les globules qui ont circulé dans les petits vaisseaux de cette dernière région n'ont pas eu le temps de perdre toutes leurs qualités nutritives avant d'arriver à la première.

Dans cet ordre de questions la distance qui sépare les vaisseaux des tissus à nourrir est de première importance. Il n'y a aucune raison pour que des vaisseaux se développent dans un point où les échanges avec le sang contenu dans les vaisseaux les plus voisins peuvent s'effectuer. Chez les animaux même dont l'organisation est la plus parfaite, les éléments anatomiques des tissus et, d'une manière générale, toutes les parties d'un diamètre inférieur aux mailles formées par les réseaux des capillaires, sont extravasculaires. Ces espaces sont très petits chez les animaux supérieurs ; ils peuvent être très grands chez des êtres moins parfaits dont les tissus ont des conditions de vie et de développement moins rigoureuses. C'est le cas pour les tissus de la face ventrale du Bopyre comme aussi pour les viscères de la Pranize, qui peuvent trouver en quantité suffisante des principes vivifiants dans le sang veineux qui les baigne et qui n'a pas eu le temps de perdre, dans le court trajet qu'il a accompli, toutes ses propriétés vitales.

Les particularités du système veineux sont plus importantes et semblent plus difficiles à concilier avec le type ordinaire. Cependant il n'est pas impossible de considérer les modifications de la circulation abdominale comme de même nature que celles que nous avons rencontrées dans le telson de l'Anilocre.

Le sens de la circulation dans les lobes de l'abdomen du Bopyre est en effet le même que chez un Amphipode, ce qui s'expliquerait par la persistance d'une disposition organique qui a disparu presque complètement dans les autres parties du corps.

Nous reviendrons sur ces faits, en faisant la comparaison des appareils circulatoires des Isopodes et des Amphipodes.

RÉSUMÉ.

Nous allons résumer ici sous forme de propositions concises les principaux faits qui se dégagent des descriptions précédentes dont la longueur inévitable pourrait rebuter ceux qui n'ont pas le désir d'en connaître le détail.

Chez les Isopodes :

1° Le *cœur* est situé dans l'abdomen et s'étend toujours plus ou moins dans le thorax. Il est absolument dorsal, tubuleux dans les formes longues, piriforme dans les types courts.

2° Il est maintenu en place par sa continuité avec les artères auxquelles il donne naissance, par de petits tractus qui se détachent de sa substance pour s'insérer aux parties voisines et, en général, par sa soudure, tout le long de la ligne médiane antérieure avec la face dorsale du rectum.

3° Il est percé de deux à quatre ouvertures en forme de boutonnières qui font communiquer sa cavité avec celle du péricarde. Ces ouvertures sont alternes dans les formes allongées, opposées dans les formes raccourcies. A son extrémité inférieure, il est toujours terminé en cul-de-sac.

4° Quand il se contracte, les ouvertures se ferment et il chasse *par compression* le sang qui le remplit dans les artères. En outre, diminuant son volume, il produit, dans la cavité à parois rigides qui le contient, une tendance au vide et une sorte d'*aspiration* qui a pour effet de faire affluer dans cette cavité, c'est-à-dire dans le péricarde, de nouvelles quantités de sang.

L'aspiration du sang et sa projection dans les artères sont donc également actives et produites par la systole du cœur.

Pendant la diastole les fentes latérales s'ouvrent et le cœur se remplit de nouveau.

5° Du cœur partent onze artères, savoir : une *aorte thoracique*, deux *aortes abdominales*, trois paires d'*artères thoraciques* (j'appelle ainsi les artères propres des divers anneaux du thorax) et une paire d'artères latérales (ainsi nommées parce qu'elles sont ordinairement situées sur les côtés de l'aorte supérieure). Rarement il n'existe qu'une seule aorte qui donne naissance à toutes les autres artères.

6° Toutes les fois que la transparence des tissus rend l'observation possible, on constate la présence de valvules à deux lèvres à l'origine de ces artères ; il est donc permis de supposer que ces valvules existent toujours.

7° Les *artères latérales* fournissent diverses branches viscérales et les branches thoraciques des quatre premiers anneaux. Celles des trois derniers naissent directement du cœur.

8° Les *artères thoraciques* se terminent dans les pattes de leurs anneaux respectifs. Elles fournissent des ramifications : a) aux parties molles chorio-musculaires de la région dorsale, b) aux lobes épimériens, c) chez les femelles, à la lame correspondante de la cavité incubatrice, d) aux parties molles des téguments de la région ventrale ; cette dernière branche, volumineuse et importante, concourt à la formation du *système ventral*.

9° Les *aortes inférieures* ou *abdominales* naissent entre le rectum et le cœur, de la face antérieure de ce dernier. Toujours paires et symétriques à leur origine, elles peuvent se confondre en une seule. Parfois elles manquent dans les types inférieurs. Elles donnent un rameau à chacun des anneaux branchifères de l'abdomen, et se terminent dans les uropodes et dans le telson. Par exception (Lygie), elles peuvent fournir aux pédoncules branchiaux des deux dernières paires.

10° L'*aorte supérieure* ou *thoracique* monte directement dans la tête. Elle fournit des branches aux yeux, aux ganglions cérébroïdes et aux deux paires d'antennes. Elle passe avec l'œsophage et en arrière de lui, dans l'anneau nerveux périœsophagien.

11° Immédiatement après avoir franchi cet anneau, elle donne naissance par sa face antéro-inférieure à deux grosses et courtes branches qui contournent l'œsophage, et se jettent l'une dans l'autre au-dessous de lui de manière à former *un collier périœsophagien vasculaire, parallèle au collier nerveux de même nom et situé au-dessus de*

lui. Ce collier peut manquer dans les types inférieurs ou aber-
rants.

12° De ce collier naît une grande artère que j'ai nommée *artère
prénervienne* et qui descend jusqu'à l'anus, le long de la ligne médiane
antérieure du corps, *au-devant de la chaîne nerveuse ganglionnaire.*

13° Dans la tête l'artère prénervienne et le collier fournissent des
branches aux appendices de la bouche.

14° Dans l'abdomen, la première fournit à chacun des dix pédoncules branchiaux une petite artériole qui se ramifie dans le
pédoncule de la branchie, mais ne pénètre jamais dans les lames respiratoires.

15° Dans le thorax, l'*artère prénervienne* fournit à chaque anneau
une paire d'artères qui contribue à la formation du système ventral.

16° Le *système artériel ventral* est formé par sept paires de branches fournies par les sept paires d'artères thoraciques et qui arrivent à la région ventrale par les parties latérales de chaque anneau ;
et par sept paires de branches nées de l'artère prénervienne, en face
des précédentes, sur la ligne médiane.

17° Les branches de l'artère prénervienne et celles des artères
thoraciques s'anastomosent les unes avec les autres, soit par leurs
ramifications, soit directement, à plein canal.

Cette dernière disposition a lieu toujours au moins dans un
anneau, jamais dans les sept. Les variations sont très grandes à cet
égard. Les anastomoses à plein canal établissent entre l'artère prénervienne et les vaisseaux de la région dorsale une communication
large et très importante. Dans les anneaux où elles existent, elles
donnent lieu à la formation d'un cercle vasculaire tout à fait superficiel dans lequel tous les organes de l'animal sont renfermés.

18° Il n'existe pas de capillaires. Des artérioles dont le nombre et
la finesse sont en rapport avec le degré de supériorité de l'animal
déversent le sang par leurs extrémités ouvertes dans les lacunes de
tous les organes.

19° Outre ces lacunes microscopiques il existe une grande lacune
qui occupe toute la cavité du thorax et qui est formée par la réunion de tous les interstices qui existent entre les viscères de cette
région.

20° Il existe en outre ordinairement, mais je n'ai pu toujours vérifier le fait, deux grands *sinus thoraciques* qui se rendent de la tête
à la base du thorax en passant au-dessus de la base des pattes. Ces

sinus reçoivent, par leur face antérieure, le sang qui a circulé dans les pattes, et, par des orifices percés sur leur bord interne, le sang de la grande lacune.

21° A la base du thorax, les deux sinus latéraux se jettent l'un dans l'autre sur la ligne médiane et donnent naissance à un vaste *sinus abdominal* situé en avant du rectum.

De ce sinus abdominal partent cinq paires de vaisseaux qui portent le sang aux branchies.

22° Ordinairement certaines parties de l'abdomen, soit le telson, soit les épimères des anneaux branchifères, sont adaptées à la fonction respiratoire. Dans ce cas, du sang veineux leur est apporté par des vaisseaux venus du sinus abdominal, et leurs vaisseaux efférents se comportent comme ceux des vraies branchies.

23° Les *branchies* se composent ordinairement d'un pédoncule qui porte deux lames ovales.

Ces lames sont formées par des vésicules très aplaties dont les parois, adhérentes l'une à l'autre par des points ou par des surfaces diversement agencées, ménagent entre elles un système compliqué de lacunes que le sang est obligé de parcourir.

24° La disposition des lacunes intra-branchiales est assez variable, mais toujours le vaisseau afférent est interne et le vaisseau efférent externe.

25° On a beaucoup exagéré la différence qui existerait au point de vue de la fonction respiratoire entre la lame recouvrante et la lame recouverte de chaque branchie.

La disposition des lacunes et la vivacité du courant circulatoire sont ordinairement identiques dans les deux lames branchiales ; et, lorsqu'il existe une différence, elle n'est jamais suffisante pour permettre de restreindre les fonctions de la lame recouvrante à celles d'un simple appareil de protection.

26° Les vaisseaux efférents des deux lames d'une même branchie s'anastomosent entre eux, de même que les vaisseaux afférents, dans le pédoncule de la branchie.

De l'anastomose des vaisseaux efférents résultent cinq paires de vaisseaux branchio-péricardiques auxquels se joignent, s'il y a lieu, les vaisseaux efférents des parties de l'abdomen qui jouent le rôle de branchies.

27° Ces vaisseaux *branchio-péricardiques* remontent vers la région postérieure, en suivant dans chaque anneau la courbure de l'arceau dorsal, et se jettent dans le péricarde par autant d'orifices dépourvus d'appareil valvulaire.

28° Le *péricarde* entoure le cœur de tous côtés, excepté en avant, où celui-ci est uni au rectum. Il n'est pas en général formé par une membrane isolée. Il est comme sculpté dans les parties musculaires qui remplissent l'abdomen et par conséquent n'est susceptible d'aucune variation de volume. Ses parois m'ont paru revêtues d'une couche endothéliale.

29° A l'exception des orifices des vaisseaux branchio-péricardiques dont il est percé, il est parfaitement clos dans toute sa partie inférieure. Mais vers le haut il s'ouvre dans les petites lacunes de la couche chorio-musculaire de la région dorsale. Un petit nombre de globules qui n'ont pas respiré entrent par cette voie dans sa cavité et viennent se mélanger à ceux qui viennent des branchies. Ces globules sont ceux qui ont été déversés dans les lacunes de la région dorsale par les artérioles du voisinage et, en outre, un petit nombre de ceux qui occupent la grande lacune thoracique et qui remontent le long des arceaux dorsaux du thorax.

30° Il résulte de là, que la circulation est incomplète chez les Isopodes et qu'une certaine quantité de sang veineux se mélange, dans le péricarde faisant fonction d'oreillette, au sang artériel. Mais au point de vue physiologique l'importance de ce mélange doit être très faible, car la quantité de sang veineux qui entre dans le péricarde est peu considérable.

En comparant plus tard les Isopodes et les Amphipodes, nous verrons que cette marche rétrograde du sang veineux vers le péricarde, qui, chez ceux-là, est si peu active, se trouve être, au contraire, chez ceux-ci, le sens habituel du mouvement circulatoire, et ce faible vestige d'une disposition qui tend à s'effacer chez les premiers, nous permettra de reconnaître entre eux et les Amphipodes une uniformité de conformation qui est au premier abord difficile à concevoir entre leurs appareils circulatoires.

II. AMPHIPODES.

HISTORIQUE.

Si l'appareil circulatoire des Isopodes a été rarement étudié à l'aide des injections, celui des Amphipodes ne l'a jamais été par ce moyen. Cela tient sans doute à ce que ces êtres, d'une taille plus petite, présentaient des difficultés plus considérables, et surtout à ce qu'étant généralement plus ou moins transparents, ils laissent apercevoir sans préparation certaines parties de leur circulation.

Le premier auteur qui ait parlé avec quelque détail de la circulation des Amphipodes est Zenker (III) en 1832. N'ayant pu nous procurer son travail, nous en dirons seulement ce que nous en avons appris par les analyses succinctes qu'en ont données quelques auteurs. Zenker aurait vu le cœur battre sous la forme d'un long vaisseau contractile dans la région dorsale et il aurait cru que, dans tout le reste de l'animal, le sang ne circulait que dans des lacunes.

Frey et Leuckart (XI), en 1847, poussèrent beaucoup plus loin cette étude. Ils virent les ouvertures du cœur et crurent en compter sept paires. Ils reconnurent aussi l'aorte antérieure et la décrivirent comme perdant ses parois à son entrée dans la tête pour donner naissance à un sinus ventral qui fournissait à tous les appendices de la tête et du thorax. En dehors du cœur et de cette courte aorte, aucun courant sanguin n'aurait, d'après eux, de parois. Le sang même qui sort de l'extrémité postérieure du cœur n'aurait pas été endigué et aurait été distribué, par l'intermédiaire de lacunes, à l'abdomen et à ses appéndices.

Ragnar et Bruzelius (XV), dans un travail publié en 1859, énoncèrent de nouveau les faits précédents, mais sans faire avancer la question. Ils ne se prononcèrent pas sur le nombre des fentes latérales du cœur, mais ils reproduisirent les autres erreurs du travail de Frey et Leuckart, et en particulier celle qui consistait à refuser des parois à tous les courants autres que ceux du cœur et de l'aorte antérieure.

Fritz Müller (XXI), en 1864, dans son admirable livre : *Pour Darwin*, établit le premier que, sauf de rares exceptions, le nombre des fentes latérales du cœur est de trois paires. Il ne donna malheureusement aucun détail sur les autres parties de l'appareil circulatoire.

G.-O. Sars (XXII), en 1866, ajouta quelques faits nouveaux à ceux que l'on connaissait déjà. Il est le premier qui ait indiqué nettement l'existence d'une aorte postérieure munie de parois propres. Mais sur le nombre des valvules, il retombe dans l'ancienne erreur en croyant qu'il en existe six paires.

Le travail le plus exact qui ait encore été publié sur le sujet qui nous occupe est, de beaucoup, celui de Wrzesniowski (XXIX), paru en 1876. Cet auteur réduit à trois paires le nombre des ouvertures latérales du cœur et reconnaît l'existence de la valvule cardio-aortique postérieure. Il décrit exactement l'aorte inférieure qu'il a parfaitement vue se terminer dans la partie postérieure du sinus ventral par trois ouvertures, deux latérales et une terminale. Pour l'aorte supérieure, il décrit son trajet et ses branches, mais il n'a point vu la valvule qui la sépare du cœur, ni surtout l'anneau vasculaire péricérébral. Par contre, il est le premier qui ait reconnu que le sang qui circule dans les appendices est contenu dans des vaisseaux véritables dont il exagère même la continuité en croyant que les globules sont obligés de faire tout le tour de chaque membre pour arriver dans les voies veineuses. Enfin, il paraît avoir entrevu le péricarde, car il parle d'une cavité veineuse située au-dessus du cœur.

Le dernier mémoire dans lequel il soit question de la circulation chez les Amphipodes est celui de Leydig (XXXXIV), paru en 1879. Mais cet auteur, au lieu de faire avancer la question, reproduit, au contraire, une erreur ancienne en niant absolument que les courants sanguins des membres possèdent des parois.

Ce dernier fait prouve au moins une chose, c'est que les affirmations de Wrzesniowski n'étaient pas suffisantes pour entraîner une conviction générale.

Rien n'est plus difficile, en effet, comme nous l'avons fait remarquer autre part, que de démontrer à l'aide du microscope des parois aussi délicates que celles dont il s'agit. Ces parois existent cependant, et nous croyons les avoir mises hors de doute en montrant, par des injections, que, dans les articles les plus développés des pattes, au lieu d'occuper la moitié de la largeur totale, laissant l'autre moitié au courant veineux, les vaisseaux artériels serpentent, parfaitement ronds et limités, entre les muscles, communiquant seulement çà et là avec les vaisseaux veineux correspondants qui sont, eux aussi, parfaitement individualisés. Prétendre, avec quelques auteurs, que la cavité de chaque membre est seulement subdivisée en deux compartiments par une membrane longitudinale unique, est impossible, en présence de ces faits, que nous croyons avoir été le premier à mettre hors de doute.

Nous pouvons également réclamer la priorité, pour ne citer que les faits les plus saillants, en ce qui concerne l'existence d'une valvule cardio-péricardique antérieure, celle d'un péricarde à parois parfaitement nettes et continues, celle du collier périœsophagien et surtout celle de l'anneau vasculaire formé par l'aorte autour du cerveau, anneau caractéristique des Amphipodes ainsi que des Læmodipodes.

Nous étant borné, par nécessité, à l'étude des Crevettines, nous pourrions passer sous silence les travaux relatifs aux Amphipodes du groupe des Hypérines. Cependant, il nous paraît difficile de ne pas en dire au moins quelques mots.

En 1761, Pagenstecker (XVII) indiqua chez la *Phromina sedentaria* la présence du cœur, de parties jouant le rôle de valvules et fit connaître le sens du mouvement des globules dans certaines régions du corps, en particulier dans l'abdomen.

C'est à Claus que nous sommes redevables de presque tout ce que nous savons sur l'appareil circulatoire des Hypérines. Dans trois mémoires parus en 1864 (XVIII), 1878 (XXXI) et 1879 (XXXII), cet auteur a poursuivi l'étude de ces animaux et il est arrivé à donner, sur l'appareil qui nous occupe, des détails très précis qui me paraissent mériter toute confiance.

Le cœur ne possède, d'après lui, chez les Hypérines, que trois paires de fentes latérales. Il existe deux aortes munies de valvules à leur origine; l'inférieure communique avec le cœur par une double ouverture. (Faut-il voir dans ce fait l'indication d'une tendance à la bifidité, qui n'est réalisée que chez les Isopodes, et, comme nous le verrons, chez les Tanaidés?) Outre les aortes, le cœur donne naissance à trois paires d'artères latérales destinées à l'estomac et au foie; enfin les sinus artériels montrent un commencement de cloisonnement qui est peut-être un acheminement vers la constitution d'artères définies.

Les rapprochements que j'ai tenté plusieurs fois de faire entre les Amphipodes et les Isopodes, par l'intermédiaire des Hypérines, sont certainement très hypothétiques, et je ne me fais aucune illusion sur leur valeur. Je ne puis, ici, que manifester mes regrets de n'avoir pu étudier, par la méthode si sûre des injections, l'appareil circulatoire de ces dernières, et je me propose de faire prochainement cette étude, si les circonstances me le permettent.

CREVETTINES SAUTEUSES.

TALITRUS LOCUSTA (LATR.).

(Pl. VIII.)

Les Talitres se rencontrent sur toutes les grèves de sable qui avoisinent Roscoff. Dans certains points ils sont même d'une abondance extraordinaire. Le soir, lorsque la journée a été chaude, leur essaim bondissant forme une vraie nuée et il suffit de raser la terre avec un petit filet de gaze pour les attraper par douzaines.

Le Talitre peut être considéré comme le type de la nombreuse tribu des Crevettines sauteuses. Cette tribu, malgré quelques formes extérieures un peu spéciales, est si parfaitement homogène, que l'étude d'un seul type suffit pour en donner une idée exacte. L'examen rapide que nous avons fait de quelques autres genres ne nous a révélé, en effet, aucune différence digne d'être notée.

Cœur et péricarde.

Le *cœur* (fig. 1), que l'on peut voir battre à l'œil nu chez les individus bien développés, occupe la région dorsale du thorax. Il s'étend du milieu du premier anneau jusqu'à la partie inférieure du sixième. En avant, il est en rapport avec la face dorsale du tube digestif, auquel il adhère (fig. 3 et 6). Ses autres attaches, indépendamment des aortes auxquelles il donne naissance et qui immobilisent ses extrémités, sont constituées par de petits tractus qui se détachent de ses parois et s'insèrent aux parties voisines. Ces tractus sont formés par de petits groupes de fibres (fig. 4) qui fixent sa paroi dorsale à la partie moyenne de chaque anneau. Dans les intervalles de ces points d'attache, il est plus éloigné des téguments et de là résulte la formation de cinq arcades par lesquelles le sang du péricarde peut passer d'un côté à l'autre. Sa paroi est formée de fibres musculaires héliçoïdales reliées par une et peut-être par deux membranes extrêmement minces de tissu conjonctif.

Il est percé de six ouvertures latérales (*o*, fig. 1 et 4), formant trois paires placées dans les deuxième, troisième et quatrième anneaux. Ces ouvertures sont elliptiques et dirigées comme les fibres, c'est-à-dire obliquement en haut et à droite, lorsqu'on regarde le cœur par la face dorsale. Elles sont bordées par deux fibres musculaires; elles s'ouvrent pendant la diastole et se ferment pendant la systole. C'est par elles que le sang pénètre du péricarde dans le cœur.

Le *péricarde*, beaucoup plus étendu que chez les Isopodes, est une grande cavité (p) qui règne tout le long de la face dorsale de l'animal. Il s'étend depuis la partie supérieure du premier anneau du thorax jusque dans le sixième article abdominal, qu'il occupe presque en entier. Dans le sens transversal, il s'étend dans les deux tiers de la largeur de l'animal au niveau du thorax et arrive à occuper la totalité de cette largeur dans l'abdomen. Partout il est sous-jacent aux téguments, dont il n'est séparé que par les muscles extenseurs des anneaux. Comme ces muscles sont très minces dans la région thoracique et très épais, au contraire, dans l'abdomen où ils servent à mouvoir l'appareil du saut (fig. 3), le péricarde se trouve être très superficiel dans le thorax et assez profond dans l'abdomen. Notons, enfin, que ses bords latéraux sont onduleux et forment des anses dont les sommets correspondent aux parties moyennes des anneaux et les cavités à leurs limites.

Le péricarde est d'ailleurs partout absolument fermé, excepté dans les points, parfaitement déterminés, où ses vaisseaux afférents (*pt* et *pa*, fig. 1, 6 et 7) s'ouvrent dans sa cavité. Il est séparé du sinus qui occupe la face ventrale par le tube digestif, et, en dehors de celui-ci, par une membrane propre.

Le cœur, l'aorte inférieure tout entière et l'origine de l'aorte supérieure sont contenus dans son intérieur.

Artères.

Quatre artères naissent du cœur. Trois d'entre elles proviennent de son extrémité supérieure, une seule de l'inférieure. Cette dernière, ou *aorte inférieure* (*ai*, fig. 1 et 3), succède au cœur après un brusque rétrécissement. Elle est accolée au tube digestif, et, comme celui-ci est très profond à ce niveau, elle est elle-même située très profondément, étant séparée de la surface par le péricarde et par l'épaisse couche des muscles du saut (*y*, fig. 3 et 7). Elle est entourée de tous côtés, excepté en avant, par le péricarde; elle est, par conséquent, plutôt saillante dans sa cavité que contenue dans son intérieur. Au point où elle s'abouche avec le cœur existe une petite valvule à deux lèvres (*vi*, fig. 4).

Elle traverse, sans donner de ramifications, le dernier segment du thorax et les deux premiers de l'abdomen. Parvenue à la partie inférieure du troisième, elle émet deux courtes et grosses branches latérales et presque aussitôt se termine en perdant ses parois, dont les vestiges discontinus vont s'insérer par fibres isolées dans le voisinage (*n*, fig. 1 et 3).

Ces deux rameaux latéraux (*m*, fig. 1, 3 et 7), comme aussi la portion terminale de l'artère, s'ouvrent à plein canal dans le sinus ventral (*s*) et n'ont aucune communication avec le péricarde dont ils sont séparés à leur terminaison par une mince paroi. Pour arriver à leur destination, les deux rameaux latéraux contournent en l'entourant étroitement le tube digestif et n'ont à parcourir qu'un très court espace avant de se jeter dans le sinus sous-jacent.

Cette disposition, révélée par l'injection, peut aussi être constatée par l'examen de l'animal vivant. On voit les globules, issus de l'aorte à sa terminaison, descendre en divergeant dans les fausses pattes des deux derniers articles abdominaux, tandis que ceux, bien plus nombreux, qui se sont engagés dans les deux canaux latéraux, à peine arrivés dans le sinus ventral, parcourent ce sinus en remontant et s'engagent dans les vaisseaux afférents des divers appendices qu'ils rencontrent.

Les trois artères supérieures naissent, par une base étranglée, de l'extrémité rétrécie du cylindre cardiaque. Au-delà de cet étranglement, elles forment une légère dilatation ovalaire à la suite de laquelle elles deviennent définitivement cylindriques (fig. 1).

De ces trois vaisseaux, l'un médian, est l'*aorte supérieure* (*as*) ; les deux autres, latéraux et formant une paire, sont destinés aux parties latérales de la tête : je les appellerai *artères faciales* (*f*).

Une valvule à deux lèvres existe à l'entrée de l'aorte. Je n'ai pu en découvrir de pareilles à l'entrée des artères faciales. Je ne crois pas cependant qu'il faille, pour cela, nier leur existence.

La valvule aortique est formée, comme celle de l'aorte inférieure, de deux membranes qui se détachent des parties latérales du cœur, immédiatement au-dessus du point d'origine des artères faciales, et qui s'adossent l'une à l'autre en se portant en haut.

J'ai constaté cette disposition non seulement en examinant les mouvements de la valvule sur des animaux vivants, mais encore par la dissection. Il faut, pour arriver à ce résultat, faire durcir dans l'alcool absolu un animal injecté et pratiquer ensuite une coupe longitudinale médiane antéro-postérieure. Les vaisseaux sont ainsi distendus par l'injection et leurs parois durcies ne reviennent pas sur elles-mêmes. On peut alors les disséquer et les examiner sous l'eau au moyen du microscope armé d'un prisme redresseur. On peut ainsi voir et soulever avec une aiguille les lames valvulaires représentées par deux petits lambeaux flottants dans la cavité du vaisseau. Cette coupe est aussi excellente pour montrer les anneaux que forme l'aorte supérieure autour du cerveau et de la glande rénale, et dont nous allons parler. La figure 3 représente une coupe de ce genre, mais passant un peu à droite du plan médian, de manière à ne pas intéresser le cœur.

Les *artères faciales* (*f*, fig. 1 et 2) se portent d'abord en haut et en dehors vers l'œil, puis, formant un coude un peu brusque, se dirigent en avant dans les parties latérales de la face et se terminent au niveau de la base des mandibules. Dans leur trajet, elles fournissent de nombreuses ramifications artérielles qui serpentent sur le sommet de la tête, autour de l'œil et le long des joues. Elles portent le fluide nourricier aux masses musculaires considérables qui sont préposées au mouvement des pièces masticatoires. Quelques-uns des fins rameaux nés de leur bord interne à leur origine se croisent sur la ligne médiane en arrière de l'aorte supérieure, qui est un peu plus profonde.

L'*aorte supérieure* (*as*, fig. 1, 3 et 5) se dirige d'abord en haut, vers les antennes ; puis, arrivée au niveau du front, se recourbe en avant et se termine dans le labre par dissociation de ses parois, dont les éléments s'insèrent à l'état de fibres isolées aux parties environnantes. Mais, pendant ce trajet, elle émet bien des branches qui vont nous occuper un instant.

Pour rendre leur disposition plus intelligible, il est nécessaire de donner quelques détails sur certaines parties étrangères à l'appareil circulatoire.

Sur la ligne médiane et sur le trajet de l'aorte se trouvent deux

organes : d'abord, le cerveau (Cr, fig. 3 et 5), au niveau du point
d'implantation des grandes antennes, puis une paire de glandes (R)
placées au-devant du cerveau, immédiatement en arrière du sillon
d'insertion du labre, et sur lesquelles nous nous arrêterons un
instant.

Lorsqu'on dissèque avec soin un individu conservé pendant quelques jours dans de l'acide azotique à 1/12, on aperçoit dans l'espace
triangulaire, située entre les antennes et le labre, immédiatement
sous les téguments, une paire d'organes piriformes, de couleur blan-
châtre et d'un aspect graisseux (fig. 5). Leurs bases, renflées, tournées
vers le labre, sont accolées sur la ligne médiane, tandis que leurs
sommets, étirés en une sorte de queue, divergent et se portent en
dehors vers la base des grandes antennes. Une dilacération grossière
de ces organes montre qu'ils possèdent, comme éléments constitu-
tifs, deux sortes de cellules. Les unes, petites, arrondies, très réfrin-
gentes, munies d'un noyau volumineux, sont identiques aux cellules
de tissu conjonctif, souvent graisseux, que l'on trouve dans beaucoup
d'autres parties du corps ; les autres sont grandes, arrondies ou po-
lyédriques, ont un protoplasma granuleux abondant et un noyau à
peu près central. Leur aspect est absolument celui de cellules sécré-
tantes. Leur volume considérable, leur forme sphéroïdale, leur isole-
ment presque complet dans la glande, sont là pour en témoigner.

Les glandes qui les contiennent occupent la place assignée par
plusieurs auteurs aux glandes urinaires des Amphipodes. J'ai vainement cherché des calculs dans les cellules ; j'ai essayé aussi, sans plus
de succès, de déceler la présence de l'acide urique par les formes
microscopiques de ses cristaux et par ses réactions chimiques, en
particulier par celle de la murexide. Mais ces expériences négatives
entreprises sur des quantités de substance presque infinitésimales
ne sont pas suffisamment probantes.

La queue de ces glandes, après avoir pénétré dans la base de la
grande antenne, la contourne en dehors et vient s'ouvrir à un orifice
relativement grand situé au fond d'un sillon au milieu de leur premier article pédonculaire, sur la partie externe de leur face postérieure
(u, fig. 1 et 2). Cet orifice admet facilement une pointe d'épingle.
J'ai pu disséquer le canal excréteur de la glande jusqu'à sa terminaison.

Revenant, après cette digression, à notre sujet, nous voyons que sur le trajet de l'aorte se trouvent deux organes, le cerveau et les glandes, que nous appellerons *rénales* pour abréger, sans attacher de valeur à ce nom. L'aorte forme autour de ces deux organes deux anneaux vasculaires situés dans un plan vertical médian antéro-postérieur (*cc* et *cr*, fig. 3). Chacun de ces anneaux est constitué par deux branches artérielles dont l'une passe au-dessus, l'autre au-dessous de l'organe. En d'autres termes, l'aorte en abordant le cerveau (*Cr*) se dédouble en deux branches dont l'une passe au-dessus de lui, sous les téguments, l'autre au-dessous, dans le collier nerveux œsophagien. Après avoir franchi le cerveau, ces deux branches se réunissent pour en former de nouveau une seule. Un peu plus bas, celle-ci se comporte de même à l'égard des reins (*cr*) et, reconstituée définitivement en un tronc unique, elle va se perdre dans le labre de la manière que nous avons décrite plus haut.

L'aorte donne naissance, tant dans les points où elle est indivise que par la circonférence des anneaux qu'elle forme, à une petite artériole impaire et à dix branches plus considérables formant cinq paires.

La petite artériole impaire naît de la branche profonde de l'anneau péricérébral, s'avance entre les deux ganglions de la masse nerveuse contenue dans l'anneau et se divise en deux branches qui se ramifient dans les deux moitiés de cette masse (fig. 3 et 9).

Des cinq paires de branches latérales, les deux supérieures sont destinées aux antennes (*a*, *a'*, fig. 1, 3 et 5). Elles parcourent ces organes jusqu'à leur extrémité en suivant leur bord interne et antérieur. L'une et l'autre tirent leur origine de la branche superficielle de l'anneau péricérébral.

Les deux paires suivantes (fig. 5), nées des portions indivises de l'aorte, la première entre les deux anneaux, la seconde au-delà de l'anneau périrénal, immédiatement en arrière du sillon d'insertion du labre, se portent sur les côtés et, après un court trajet, se terminent comme l'aorte en perdant leurs parois.

Elles déversent ainsi, comme elle, leur contenu dans les lacunes voisines.

Je n'ai pu reconnaître la nature exacte d'une petite fossette (*x*, fig. 5) qui semble creusée comme à l'emporte-pièce dans l'aorte exactement entre les deux branches de la première paire d'artères dont nous venons de parler. Elle nous a paru loger une saillie musculaire et peut-être une paire de fibres qui traverseraient le vaisseau pour aller s'insérer sur l'estomac et lui imprimer les mouvements nécessaires pour la trituration intérieure des aliments. Dans ce cas, il y aurait non une fossette, mais un vrai canal.

On aurait tort de croire, en les voyant ainsi se dédoubler au niveau de tous les organes qu'ils rencontrent, que ces vaisseaux n'ont pas de paroi propre et sont de simples voies tracées par le passage habituel du courant sanguin.

Leur forme parfaitement arrondie, le fait qu'ils ne laissent pas échapper le chromate de plomb presque liquide, quand on les dissèque, montre que cette interprétation est inadmissible. On peut, en disséquant un animal injecté, sous le microscope muni d'un objectif faible et d'un prisme redresseur, isoler avec un peu d'adresse la paroi des vaisseaux, la saisir entre les mors d'une pince très fine et, pour ainsi dire, la toucher du doigt.

Enfin, la cinquième et dernière paire de branches de l'aorte est constituée par deux rameaux volumineux (*cœ*, fig. 3) qui se portent en bas, contournent l'œsophage et s'anastomosent au-dessous de lui de manière à former un collier vasculaire périœsophagien. Des branches de ce collier partent de larges ramifications qui parcourent les mandibules et les deux paires de mâchoires, et, de leur anastomose·sur la ligne médiane, au-dessous de l'œsophage, naît un rameau impai ret médian, ascendant, qui parcourt la base commune des deux pattes-mâchoires et se divise en autant de filets que celles-ci possèdent de divisions (fig. 3).

Il existe donc, outre les anneaux verticaux antéro-postérieurs sur lesquels nous avons insisté plus haut, un anneau transversal périœsophagien, tout à fait semblable à celui des Isopodes, mais plus lâche et moins nettement limité que chez ceux-ci. En outre, il n'y a point trace ici d'artère prénervienne.

Sinus ventral.

Le *sinus ventral*, que nous allons décrire dans ce chapitre, appartient au système artériel, puisqu'il donne naissance aux vaisseaux qui suivent dans les appendices une marche centrifuge. Nous l'avons cependant représenté dans nos planches sous la couleur bleue conventionnelle des voies veineuses, parce qu'il correspond en partie à celui qui occupe la même place chez les Isopodes.

Ce sinus, né dans la tête, est alimenté par plusieurs sources. L'aorte,

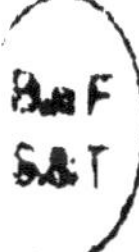

qui déverse à son extrémité tout son contenu dans le labre, est la principale ; puis viennent les deux paires de branches latérales, qui se comportent comme elle, un peu plus haut ; enfin tout le sang qui a circulé dans les antennes et dans les appendices de la bouche, ainsi que celui qui a pris la voie des artères faciales, retourne aussi dans le sinus, en sorte que celui-ci arrive à recevoir, en définitive, tout le sang sorti du cœur par son extrémité supérieure. Mais une partie lui arrive directement, possédant encore les qualités du sang artériel au même degré que dans le cœur, tandis qu'une autre partie, presque égale à la première, ne lui arrive qu'après avoir circulé dans les appendices de la tête et de la bouche ou dans les muscles moteurs des mandibules, et après avoir pris dans ce trajet les propriétés du sang veineux. On se rappelle en outre que le sang qui s'engage dans l'aorte inférieure est déversé par elle dans la portion abdominale du sinus.

Ce sinus (s, fig. 3, 6 et 7) est une grande cavité qui occupe tout l'espace compris entre le tube digestif et la paroi antérieure du corps. Il est clos par une membrane continue qui n'est percée d'orifices qu'en des points déterminés correspondant aux racines des appendices auxquels elle fournit leurs vaisseaux afférents. Cependant, en haut, du côté de la tête, il m'a paru se continuer sans limites précises avec les lacunes de cette partie du corps.

Alimenté, comme nous l'avons vu, par ses deux extrémités, il est parcouru par le sang en deux sens contraires. Ce liquide suit une marche descendante dans sa partie supérieure et ascendante dans la partie inférieure. A la rencontre des deux courants, le sang oscille sans direction précise.

Dans chacun des anneaux du thorax et de l'abdomen, les vaisseaux afférents des appendices sont alimentés par le sinus ventral.

En outre, les lobes épimériens sont le siège d'une circulation spéciale et possèdent également un vaisseau afférent distinct qui est aussi en connexion avec le sinus.

Dans l'abdomen, les appendices formant une seule paire par anneau, la chose est fort simple. Leur vaisseau afférent (ap', fig. 7) parcourt l'appendice sans présenter de particularité digne de remarque. Dans les épimères, la circulation ne diffère pas de ce que nous aurons à décrire relativement à ceux de la région thoracique.

Mais dans le thorax la disposition est plus compliquée. Outre l'appendice normal, la patte, il existe, au moins dans les deuxième, troisième, quatrième, cinquième et sixième anneaux, une branchie et, chez les femelles, indépendamment de cela, il existe encore une lame allongée, courbe, fortement poilue, qui sert à fermer en avant la cavité incubatrice ; enfin, quel que soit le sexe, les épimères, avec leurs vaisseaux spéciaux, doivent être ajoutés à cette énumération.

Le courant destiné à la patte se subdivise donc chez les mâles en trois et chez les femelles en quatre parties. Le filet le plus interne va à la lame de la cavité incubatrice, le suivant se rend à la branchie, le troisième est celui de la patte elle-même, le quatrième enfin est destiné à l'épimère. Nous allons les décrire successivement.

a). Le vaisseau afférent de la lame incubatrice de la femelle est très fin et n'est peut-être pas bien distinct du vaisseau efférent. Je n'ai jamais réussi à injecter à la fois l'un et l'autre.

b). La branchie (fig. 10) présente une forme bien singulière.

Que l'on se représente, pour en avoir une idée approximative, une lame aplatie de manière à présenter deux faces, l'une supérieure, l'autre inférieure ; que l'on suppose cette sorte de lame épaisse pliée en deux sur sa face inférieure de manière à ce que les deux moitiés droite et gauche de cette face se rapprochent l'une de l'autre, et que l'on fasse exécuter par la pensée, à cette lame ainsi ployée, une torsion de 180 degrés autour de son axe longitudinal et l'on aura une idée de la forme bizarre de cet organe.

Le long des bords de la branchie règne un vaisseau circulaire dont une moitié, l'interne, ou plutôt celle qui serait interne, si la lame était étalée, est afférente et la moitié externe efférente. Le tissu intérieur de l'organe est creusé de vacuoles irrégulières formant tantôt un lacis inextricable, tantôt des sortes d'arcades parallèles. Toutes ces vacuoles communiquent entre elles et le sang arrivé par le vaisseau afférent traverse en grande partie ce lacis compliqué pour arriver au vaisseau efférent. Cependant, bien des globules ne sont pas astreints à traverser le système lacunaire de la branchie et passent directement d'un vaisseau dans l'autre, car ceux-ci sont en continuité au sommet de la branchie.

c). Les vaisseaux afférents des pattes (fig. 2 et 6, *ap*) n'offrent rien de particulier dans leur distribution. Ils parcourent ces organes jusqu'à leur extrémité en suivant le bord inférieur du membre dans les quatre premières pattes et le bord supérieur dans les trois dernières (fig. 2 et 3).

Les vaisseaux efférents (*ep*) suivent naturellement les bords opposés. Cependant, dans le coxa des trois dernières pattes, ils passent au centre du membre.

Ce sont de vrais vaisseaux, à parois indiscutables, mais percés çà et là, en des points déterminés, d'orifices qui permettent aux globules de passer dans le vaisseau efférent sans faire le tour complet du membre. Les coxa des trois paires de pattes inférieures sont aplatis et d'une structure semblable à celle des épimères.

d. Il ne nous reste plus maintenant à parler que de ces derniers. Le vaisseau afférent (fig. 2, 6 et 8, *ae*) pénètre dans l'épimère par le milieu de son bord adhérent et gagne en ligne droite le milieu du bord libre antérieur. Arrivé là, il se bifurque ; ses deux branches, formant un angle droit avec le tronc et situées par conséquent sur le prolongement l'une de l'autre, suivent, l'une en montant, l'autre en descendant, chacune une moitié du bord antérieur ; elles gagnent ainsi les bords latéraux, et, devenues efférentes, se coudent pour les suivre pendant un certain temps ; mais elles ne tardent pas à s'en écarter peu à peu et à converger l'une vers l'autre ; elles arrivent ainsi à la ligne médiane et s'anastomosent entre elles, au niveau du point où le vaisseau afférent a pris naissance, mais sur un plan plus superficiel.

Une partie des globules suit la route tracée par ces vaisseaux, mais le plus grand nombre traverse l'épimère en passant dans les lacunes qui occupent sa partie moyenne. Nous en aurons dit assez sur ces lacunes en indiquant qu'elles sont constituées absolument de la même manière que celles du telson des Isopodes supérieurs (fig. 8). La circulation est facile à observer dans les lacunes épimériennes sur l'animal vivant, mais il est facile également d'injecter ces parties, qui, examinées à un faible grossissement, montrent avec la dernière évidence le vaisseau efférent marginal, le vaisseau afférent médian et, dans leur intervalle, un semis de points jaunes formés par le chromate de plomb arrêté dans les lacunes. C'est une injection de ce genre que représente la figure 8.

Vaisseaux péricardiques.

En résumé, tout le sang du sinus veineux, sortant de cette cavité par une double série de débouchés latéraux, arrive dans les pattes thoraciques ou abdominales, dans les branchies, dans les lames de la cavité incubatrice et dans les épimères. Au sortir de ces organes, il est repris dans chacun d'eux par un vaisseau efférent chargé de le conduire au péricarde. Mais ces vaisseaux efférents ne restent pas isolés ; ils se réunissent entre eux de la même manière que les vaisseaux afférents, pour constituer dans chaque anneau une seule paire de vaisseaux péricardiques.

Les *vaisseaux péricardiques* sont donc constitués, dans le thorax, par la réunion de trois rameaux efférents : celui de la branchie, celui de la patte et celui de l'épimère, auxquels il faut ajouter, chez la femelle, celui de la lame de la cavité incubatrice. Dans l'abdomen, ils résultent de l'anastomose de deux rameaux seulement : celui de l'épimère et celui de la fausse patte. La réunion de ces diverses branches a lieu partout au même point, à la base de l'épimère (fig. 6 et 7).

Les treize paires de vaisseaux péricardiques dont nous venons de décrire l'origine se comportent de la même manière dans tous les segments. Ils remontent (fig. 1 et 2) le long des parties latérales des anneaux en restant très superficiels et se jettent dans le péricarde. Au lieu de s'ouvrir dans cette cavité, comme on pourrait s'y attendre, dès qu'ils la rencontrent, c'est-à-dire au niveau de ses bords antérieurs, ils cheminent encore quelque temps entre elle et les téguments dorsaux et ne s'ouvrent que sur la face dorsale. En sorte que les orifices des vaisseaux péricardiques, au lieu de correspondre aux bords latéraux du péricarde, forment deux séries parallèles rapprochées de la ligne médiane sur la face dorsale. En dehors de la série de ces orifices, le péricarde s'étend encore assez loin sur les côtés et forme deux gouttières sans issue.

Sur un animal injecté, cette disposition se voit très bien même en l'absence de toute préparation. Les vaisseaux péricardiques tranchent par leur teinte plus vive sur la couleur du péricarde qui est moins foncée, étant voilée par une couche musculaire d'une certaine épaisseur. C'est ce que nous avons essayé de rendre dans la figure 2. La figure 1 représente le péricarde ouvert après que les téguments dorsaux ont été enlevés.

En résumé, si l'on fait abstraction des détails sur lesquels nous avons dû insister, la circulation chez le Talitre peut être définie d'une manière très simple.

Le cœur chasse le sang dans un petit nombre d'artères qui le distribuent aux antennes, aux appendices de la bouche et finalement le déversent dans un vaste sinus ventral. Ce sinus conduit le sang dans tous les autres appendices où des vaisseaux efférents le reprennent pour le conduire au péricarde.

Plusieurs choses sont à remarquer dans l'appareil circulatoire du Talitre, principalement au point de vue du degré d'*artérialité* du sang (si l'on nous permet ce barbarisme qui exprime bien notre pensée) dans les diverses parties du corps.

Il est permis de considérer comme branchies accessoires les lames épimériennes du thorax et de l'abdomen, et peut-être même les coxa des trois dernières pattes. Cependant, au sujet de ces dernières, l'épaisseur et la nature des parois rendent la chose fort douteuse.

Les épimères du Talitre ont une structure lacunaire intérieure identique à celle du telson de certains Isopodes, et les considérations que nous avons présentées pour démontrer les fonctions respiratoires de celui-ci sont entièrement applicables à ceux-là. La membrane mince qui double leur face interne est parfaitement compatible avec des échanges gazeux entre les liquides qu'elle sépare. Le sang respire en les traversant et reprend, quoique à un moindre degré que dans les branchies, les propriétés du sang artériel.

Cela étant admis, comparons les degrés d'oxydation du sang dans les diverses parties du corps.

Les vaisseaux péricardiques conduisent au péricarde et au cœur un liquide mixte, formé en partie de sang artérialisé dans les épimères et dans les branchies, en partie de sang dépouillé de ses propriétés vivifiantes dans les pattes du thorax et de l'abdomen. Dans le sinus ventral, le mélange de sang veineux est plus important, car au sang mixte et identique à celui du cœur, déversé dans sa cavité par les artères, se joint le sang purement veineux qui revient des antennes et des lacunes de la tête. C'est ce sang, à la fois veineux et artériel sans être complètement ni l'un ni l'autre, qui arrive dans les pattes sans posséder tout à fait les propriétés vivifiantes dont elles ont besoin, et dans les branchies, possédant encore une partie de ces propriétés qu'il devrait tenir uniquement d'elles.

Nulle part le sang n'est pur de tout mélange. Il n'y a, à ce point de vue, entre les diverses parties du corps, que des différences de degré peu importantes.

Le cerveau reçoit du cœur un sang relativement plus parfait que d'autres organes et on pourrait vouloir établir une certaine relation entre cette supériorité et l'importance de ses fonctions ; mais les antennes sont privilégiées au même degré et l'on ne peut admettre qu'elles soient plus actives ou plus utiles que les autres appendices. Les fausses pattes natatoires, qui sont continuellement en mouvement quand l'animal est dans l'eau, reçoivent de la partie inférieure du sinus ventral un sang aussi pur que celui de l'aorte inférieure qui alimente cette portion du sinus ; mais les fausses pattes styliformes, qui sont presque constamment immobiles, sont nourries par le même liquide.

En voulant expliquer par les nécessités physiologiques la répartition des diverses qualités de sang mixte, on risquerait de se heurter à bien des difficultés. Il nous paraît plus sage de constater que le liquide sanguin, sans être partout distribué de la manière la plus avantageuse, possède partout les qualités indispensables à la nutrition des tissus.

Il n'en est pas moins vrai que, sous le rapport de la séparation du sang veineux et du sang artériel, le Talitre, et, comme nous le verrons, tous les Amphipodes, sont bien inférieurs aux Isopodes même les moins parfaits.

AUTRES CREVETTINES SAUTEUSES.

Les principaux faits de la circulation du Talitre se retrouvent chez les autres Crevettines sauteuses. Dans toutes celles que j'ai examinées, rapidement, il est vrai, j'ai constaté une ressemblance parfaite.

Chez le *Gammarus locusta* (Fabr.) le cœur possède des orifices cardio-péricardiques dans les deuxième, troisième et quatrième anneaux thoraciques. Il se continue dans le sixième anneau avec une aorte inférieure dont il est séparé par une valvule à deux lèvres. Je n'ai pu voir la valvule de l'aorte supérieure. La circulation dans les épimères m'a montré les mêmes particularités que chez le Talitre.

Chez la *Montagua monoculoïdes* (sp. Bate) je n'ai pu voir d'orifice cardio-péricardique dans le deuxième anneau ; mais je suis persuadé que mon observation, si elle est exacte, correspond à un fait exceptionnel. Le cœur s'étend dans les mêmes anneaux que chez le Talitre et le Gammarus. La valvule cardio-aortique inférieure est très nette.

Il serait sans intérêt de passer en revue des types si complètement semblables pour glaner çà et là de simples différences de détails. Passons à l'appareil circulatoire des Crevettines marcheuses.

CREVETTINES MARCHEUSES.

COROPHIUM LONGICORNE (LATR.).

(Pl. IX.)

Les Corophies se trouvent, à Roscoff, dans la vase du port. Elles ne sont réellement très abondantes que dans une zone assez restreinte située à peine plus bas que le niveau de la pleine mer des petites marées. Dans les points où la vase est rendue noirâtre par l'abondance des débris organiques en putréfaction, on n'en rencontre jamais.

Les mâles, reconnaissables à leurs énormes antennes pédiformes, sont moins nombreux que les femelles, dans la proportion de 1 à 3. A l'époque de l'année où je me suis occupé d'elles (avril à mai), les femelles avaient leur poche incubatrice pleine d'œufs près d'éclore et les jeunes déjà libres étaient très nombreux. Plus tard, vers la fin de l'été, ayant eu besoin de quelques échantillons, j'ai constaté que leur nombre avait considérablement diminué. Cette observation concorde avec celle de Milne-Edwards [1], qui dit que les Corophies sont très communes à la Rochelle, mais seulement pendant l'été.

Le groupe des Crevettines marcheuses est peut-être moins homogène que celui des Crevettines sauteuses, aussi aurais-je beaucoup désiré étudier l'appareil circulatoire de quelques Podocérides ; malheureusement, je n'ai pu m'en procurer.

Cœur et péricarde.

Le *cœur* (fig. 1 et 2, *c*, et fig. 5) occupe la région dorsale du thorax. Il s'étend de l'origine du premier anneau jusqu'au voisinage de l'extrémité inférieure du sixième. Par sa face antérieure, il est accolé au tube digestif. Dans tout le reste de son étendue, il est entouré par le péricarde. Il est cylindrique, mais non rectiligne ; son bord supérieur

---

[1] *Hist. nat. Crust.*, III, 67.

est en effet onduleux et forme des anses dont les sommets correspondent au milieu des anneaux. De chacun de ces sommets se
détachent quelques fibres qui s'insèrent, d'autre part, aux téguments
dorsaux et servent à le maintenir dans sa position. Il est, en outre,
assujetti par son adhérence au tube digestif, par sa continuité avec
les aortes et par de petits tractus qui se détachent dans chaque anneau de ses parties latérales et s'insèrent aux parois voisines (fig. 5).

Le *péricarde* (*p*, fig. 1 et 6) est plus étendu que le cœur. C'est une
cavité allongée, irrégulière, limitée en arrière par les téguments dorsaux, en avant par le cœur et sur les côtés par deux bandes musculaires qui règnent tout le long de l'animal et qui font partie du
groupe des muscles extenseurs du corps. Il possède, d'ailleurs, une
paroi propre. Sur les côtés, il reçoit les vaisseaux centripètes de
l'animal au nombre de sept paires correspondant aux sept anneaux
du thorax.

Le sang qui remplit le péricarde circule autour du cœur et pénètre
dans son intérieur par *une seule paire d'orifices latéraux* situés dans le
quatrième anneau thoracique (*o*, fig. 1 et 5). La disposition de ces
orifices est remarquable et très constante. Ils ont la forme de boutonnières, ou plutôt de bouches dont les ouvertures sont tournées
obliquement en dehors et en haut pour celle du côté gauche, en
dehors et en bas pour celle du côté droit. A leur niveau, le cœur
forme un coude pour se porter à droite dans sa partie supérieure
et à gauche dans sa partie inférieure. Il résulte de là que la cavité
du péricarde se trouve presque effacée du côté où le cœur se
rapproche d'elle et forme, au contraire, un large couloir du côté
opposé. Le fond de cette sorte de couloir est formé, de chaque côté,
par la courbure que fait le cœur pour se rapprocher du péricarde et
ce fond est précisément occupé par une des fentes latérales du cœur
(fig. 5).

Le sang qui afflue dans la moitié supérieure droite du péricarde
se porte en totalité du côté gauche où la place est plus grande, en
passant en arrière du cœur, et se réunit au liquide déversé naturellement en ce point par les vaisseaux centripètes du côté gauche.
Inversement et par une marche analogue, le sang qui arrive au
péricarde au-dessous des fentes cardiaques passe en totalité dans la
partie droite qui est la plus développée dans cette région. Ces deux
colonnes sanguines marchant en sens inverse, la première en

descendant, la seconde en montant, arrivent aux boutonnières cardiaques qui se trouvent du même côté qu'elles et dirigées précisément de manière à les recevoir.

La séparation du sang qui circule dans le péricarde en deux colonnes latérales marchant en sens inverse vers les boutonnières du cœur n'est cependant pas absolue. On voit çà et là quelques globules se rendre isolément aux orifices cardiaques, mais ils sont exceptionnels.

Les boutonnières cardio-péricardiques s'ouvrent pendant la diastole et se ferment pendant la systole, toutes les deux ensemble, avec un rythme très régulier. Rien n'est intéressant comme de voir, chez des individus très jeunes et encore transparents, ces deux sortes de bouches se fermer et s'ouvrir alternativement et happer, en quelque sorte au passage, les globules qui se présentent.

L'aspiration des globules dans le péricarde, produite activement par la contraction du cœur, a lieu ici comme chez les Isopodes et par le même mécanisme.

Nous ne reviendrons pas sur les explications que nous avons données à ce sujet. Contentons-nous d'ajouter que ce phénomène peut être constaté *de visu* chez les Corophies transparentes. On voit les globules marcher par saccades dans le péricarde, s'arrêtant presque au moment de la diastole du cœur et s'élançant, au contraire, au moment de la systole vers les orifices qui sont le but de leur course.

La présence d'une seule paire d'orifices cardio-péricardiques, au lieu des trois paires qui sont la règle, comme nous l'avons vu chez les Crevettines sauteuses et, d'après Claus, chez les Hypérines, est-elle ici un fait exceptionnel, ou doit-on l'étendre à toutes les Crevettines marcheuses ? Je regrette de n'avoir pu, faute d'animaux, trancher cette importante question.

Artères.

Deux aortes, l'une supérieure, l'autre inférieure, naissent des extrémités du cœur.

L'aorte inférieure fait suite au cœur, mais elle est un peu plus étroite que lui. Elle descend verticalement, accolée au tube digestif, et fait saillie dans l'intérieur du péricarde pendant une portion de son trajet (*ai*, fig. 1 et 2). Arrivée dans le troisième anneau de l'abdomen, elle perd ses parois, qui se dissocient comme d'ordinaire en s'insérant, par fibres isolées, aux parties voisines, et disparaît. Le sang qu'elle conduisait, n'étant plus endigué, continue pendant quelque temps à suivre une direction rectiligne, mais les globules se dispersent peu à peu en éventail, et, libres dans la cavité générale, arrivent, par la force de l'impulsion première, dans les trois derniers articles de l'abdomen et dans les fausses pattes correspondantes.

Le courant afférent suit le bord interne de ces appendices, tandis que le bord externe est suivi par le vaisseau efférent, qui gagne les parties profondes de la cavité générale et se jette dans le grand sinus artériel qui règne tout le long de la face ventrale de l'animal et dont nous aurons bientôt occasion de parler.

Une valvule est située à la limite du cœur et de l'aorte inférieure (fig. 5) et assure la direction du courant sanguin.

L'aorte inférieure ne s'insère pas sur l'extrémité même du cylindre cardiaque, mais un peu plus haut, et le cœur se termine en pointe dans son intérieur. Cette pointe est taillée en biseau aux dépens de la face dorsale, et c'est sur le plan incliné qui résulte de cette disposition que se voit une boutonnière située dans un plan oblique en bas et en avant, qui s'ouvre à chaque systole du cœur et se ferme pendant la diastole. Ces sortes de valvules cardio-aortiques sont, en général, à deux lèvres et la forme exceptionnelle de celle-ci était utile à signaler.

Arrivé dans la tête, le vaisseau dorsal se rétrécit brusquement, puis se dilate en une ampoule piriforme dont le diamètre, sans être égal à celui du cœur, dépasse notablement celui du rétrécissement qui le précède (*b*, fig. 1 et 5). Dans ce renflement se trouve une valvule cardio-aortique supérieure formée de deux replis qui se détachent latéralement de la paroi interne du cœur, se dirigent vers le centre de la cavité, puis remontent en s'adossant l'un à l'autre. Devant l'ondée sanguine qui arrive du cœur, les deux lèvres se séparent et laissent passer le sang, tandis que, pendant la diastole cardiaque, subissant une pression inverse, elles s'accolent l'une à l'autre et empêchent le reflux du sang de l'aorte dans le cœur. Elles agissent donc à la manière des valvules sigmoïdes des Mammifères.

Au-delà de sa dilatation bulbaire, l'*aorte supérieure*, reprenant son diamètre primitif, se porte en haut vers le front. Arrivée au cerveau, elle se divise en deux branches, l'une antéro-inférieure, l'autre postéro-supérieure. La première, véritable continuation de l'aorte, non par son volume, mais par ses rapports, passe dans le collier nerveux œsophagien entre l'œsophage et le cerveau ; la seconde, plus volumineuse, passe superficiellement en arrière du cerveau, entre cet organe et les téguments, et, après l'avoir franchi, s'unit à la branche profonde pour reconstituer l'aorte primitive dans sa simplicité. Il résulte de là, absolument comme chez le Talitre, un anneau vasculaire situé dans un plan vertical, qui enserre étroitement le ganglion cérébroïde de l'animal (*cc*, fig. 2). Mais, chez la Corophie, il n'existe aucune trace d'un second anneau autour d'un organe rénal.

Après sa reconstitution au-delà du cerveau, l'aorte se perd dans le labre (fig. 2 et 3) de la même manière que l'aorte inférieure dans le troisième anneau abdominal, et déverse le sang qu'elle contient dans la partie supérieure du sinus ventral.

La branche profonde du collier vasculaire péricérébral ne fournit aucun rameau. La branche superficielle, au contraire, donne naissance à cinq artères. L'une, inférieure, est destinée aux ganglions cérébroïdes dans lesquels elle se perd (fig. 2). Les quatre autres, formant deux paires, sont destinées aux antennes. Ces quatre artères antennaires forment avec l'aorte, sur le front de l'animal, une étoile à six branches d'un aspect assez élégant (fig. 3). Les artères antennaires n'offrent rien de particulier, si ce n'est que celle de la grande antenne pédiforme émet, dans le troisième article pédonculaire, une artériole collatérale qui se perd dans les nombreux muscles de cette partie.

Avant de se perdre dans le labre, l'aorte supérieure fournit, de chaque côté, un rameau gros et court qui contourne l'œsophage et, s'unissant à celui du côté opposé, forme, autour de cet organe, un collier vasculaire (*cœ*, fig. 2 et 3) entièrement identique à celui que nous avons décrit chez le Talitre. Ce collier entoure l'œsophage ou plutôt le pharynx à son origine même ; il est donc très superficiel et passe au contact même de la base d'insertion des appendices de la bouche. Il leur fournit leurs vaisseaux afférents formant en tout trois paires, une pour les mandibules et deux pour les mâchoires. Enfin, sur la ligne médiane, au niveau du point de réunion de ses deux moitiés, il fournit un gros rameau qui se porte dans l'article basilaire commun aux deux pattes-mâchoires et qui fournit à ses six appendices (fig. 3).

Pas plus que chez le Talitre, il n'existe la moindre trace d'artère prénervienne.

Sinus ventral.

Le long de la face antérieure de la Corophie, existe un vaste *sinus ventral* qui représente celui que nous avons vu occuper la même place chez le Talitre. Il est alimenté, comme chez ce dernier, par l'aorte thoracique à son extrémité supérieure et par l'aorte abdominale à l'extrémité opposée. Pour ce qui concerne la première, la chose se passe à peu près comme chez le Talitre ; mais, pour la seconde, il existe une différence qui mérite d'être signalée.

Chez le Talitre, l'aorte inférieure pénètre dans le sinus et déverse immédiatement son contenu dans cette cavité, d'où partent ensuite les vaisseaux afférents de tous les appendices de l'abdomen et du thorax, et les vaisseaux efférents de tous ces appendices se jettent sans exception dans le péricarde. Ici, au contraire, nous avons vu que l'aorte inférieure déverse son contenu dans une portion de la cavité générale, qui n'est ni le sinus ventral ni le péricarde, et qui alimnete les trois paires inférieures d'appendices abdominaux. De plus, les vaisseaux efférents des trois dernières paires d'appendices abdominaux se jettent dans le sinus ventral, et c'est par leur intermédiaire que le sang de l'aorte abdominale arrive à ce sinus.

Ainsi alimenté à ses deux extrémités, le sinus ventral est parcouru par deux courants, l'un inférieur ascendant, l'autre supérieur descendant, qui se réunissent et se neutralisent dans la partie moyenne de l'animal (fig. 2, *s*).

Dans l'abdomen, le courant ascendant alimente les fausses pattes des trois premiers articles (fig. 4, *s*).

Ces fausses pattes sont formées d'un article pédonculaire large et aplati, donnant insertion à deux appendices coniques, multiarticulés, munis de fortes soies. Le sang apporté par le sinus veineux entre dans l'article pédonculaire en suivant le bord interne, passe le long du bord inférieur et revient par le bord externe se jeter dans la cavité veineuse d'où il était sorti.

Je n'ai pu découvrir quelle disposition anatomique ou quel acte physiologique pouvait déterminer un courant circulatoire dans un appendice qui communique avec une seule cavité dans laquelle la pression paraît devoir être la même sur tous les points. Toujours est-il que cette circulation a lieu et peut être constatée *de visu* par l'observation du mouvement des globules.

Dans ce trajet, le sang n'est nullement endigué par des parois vasculaires. L'injection est toujours diffuse dans cet organe.

En outre, on peut voir par transparence les globules se rendre d'un bord à l'autre en passant entre les interstices musculaires. Aucun d'eux ne pénètre au-delà des pédoncules dans les deux appendices qu'il porte. Peut-être la partie liquide du sang a-t-elle accès dans leur intérieur, mais nous ne pouvons l'affirmer, l'injection nous ayant toujours donné, sur ce point, des résultats négatifs.

En descendant le long de la base des pattes, le courant thoracique fournit à chacune d'elles un rameau qui la parcourt dans toute sa longueur (ap, fig. 2 et 6).

Simple pour les pattes des premiers, deuxième et septième anneaux, ce rameau se divise dans les troisième, quatrième, cinquième et sixième, qui sont porteurs de branchies, en deux branches, l'une pour la patte, l'autre pour l'appendice respiratoire.

La bifurcation a lieu dans le coxa de la patte, qui est très développé, et sur lequel sont insérés les autres appendices. Chez la femelle, il y a constamment un vaisseau de plus, destiné à la lame fortement villeuse (fig. 6) qui sert à circonscrire la cavité incubatrice.

Dans les pattes, la situation relative des vaisseaux afférent et efférent varie. Dans celles des quatre premières paires, le premier suit exactement le bord supérieur; dans celles de la cinquième paire, il s'écarte un peu vers le milieu ; dans la suivante, il est médian, et, dans la septième, il suit le bord inférieur. Le vaisseau efférent a toujours une situation opposée à celle de l'afférent (fig. 2). L'un et l'autre sont réunis dans les divers articles de l'appendice par de petits courants transversaux mal limités, dans lesquels s'engagent la plupart des globules (fig. 8), un petit nombre seulement faisant le tour complet de l'appendice.

Si les courants intermédiaires aux deux vaisseaux sont mal limités ou même complètement lacunaires, il n'en est pas de même des vaisseaux eux-mêmes, qui possèdent une paroi propre, simplement perforée de quelques orifices en des points déterminés. La forme arrondie et le volume uniforme et constant de ces vaisseaux sur les animaux injectés en sont une preuve certaine.

Dans les lames de la poche incubatrice des femelles, le vaisseau afférent suit le bord inférieur et l'efférent le bord opposé (fig. 6). L'un et l'autre sont extrêmement déliés.

Les branchies sont des lames ovalaires aplaties transversalement. Elles sont parcourues par un vaisseau marginal qui est afférent dans sa portion inférieure, efférent le long du bord opposé (fig. 2 et 7). La septième patte porte une petite branchie avortée (fig. 2), dans laquelle je n'ai vu pénétrer aucun vaisseau. L'espace circonscrit par le vaisseau marginal est occupé dans la branchie par un système de lacunes (fig. 7) bien différentes de celles du Talitre et qui rappelleraient plutôt celles des Isopodes de |la famille des Cymothadiens.

Vaisseaux péricardiques.

Nous avons vu comment le sang qui revient des appendices de l'abdomen se jette dans le sinus ventral, au lieu d'aller, comme chez les Crevettines sauteuses, au péricarde. Il n'y a donc point, chez la Corophie, de vaisseaux péricardiques pour l'abdomen.

Ces vaisseaux (pt, fig. 1 et 6) sont au nombre de sept paires seulement, correspondant aux sept anneaux du thorax. Chez les mâles et dans les anneaux dépourvus de branchies, les vaisseaux efférents des pattes montent isolément vers le dos et constituent, à eux seuls, un vaisseau afférent du péricarde. Dans les segments branchifères, le vaisseau péricardique est formé par l'union du vaisseau efférent de la patte et de celui de la branchie. Cette anastomose a lieu dans le coxa (hanche) de la patte, dans un plan un peu plus superficiel que celle des vaisseaux afférents. Enfin, chez les femelles, le vaisseau de la lame ovigère s'unit aussi au vaisseau crural.

Ainsi constitués, les *vaisseaux péricardiques* remontent vers le dos en suivant superficiellement la courbure des arceaux dorsaux et s'ouvrent dans le péricarde. Ceux des premiers anneaux ont une forme régulièrement convexe; ceux des anneaux inférieurs, du sixième et du septième surtout, décrivent une courbe sinueuse élégante qui ne se voit bien que de profil. Leur ouverture, dans le péricarde, a lieu par une double série de sept orifices évasés et situés en arrière du bord libre des deux bandes musculaires qui limitent le péricarde sur les parties latérales.

En résumé, on voit que l'appareil circulatoire de la Corophie est calqué sur celui du Talitre. Malgré quelques différences dont les plus importantes sont relatives au nombre des orifices cardio-péricardiques et à l'extension du péricarde et du sinus ventral, il est possible de concevoir un type idéal d'Amphipode et c'est ce type que nous aurons en vue en formulant les propositions qu'on lira tout à l'heure.

Il serait inutile de revenir, au sujet de la Corophie, sur les considérations que nous avons présentées relativement au Talitre sur la répartition du sang artériel et veineux ou plutôt des diverses qualités de sang mixte. Faisons remarquer seulement que le sang que contient le péricarde et qui est distribué par le cœur aux artères est, chez la Corophie, plus artériel que chez le Talitre, puisque, sur quatorze vaisseaux péricardiques, il n'y en a que six qui rapportent au péricarde un sang purement veineux, tandis que, chez le Talitre, sur vingt-six il y en avait seize.

C'est là, certainement, l'indice d'une certaine supériorité de la première sur le dernier.

RÉSUMÉ.

Résumons brièvement, comme nous l'avons fait pour les Isopodes, les principaux traits de l'appareil circulatoire chez les Amphipodes.

Ce qui suit ne doit point être appliqué aux Hypérines, que nous n'avons pu étudier.

Chez les Crevettines :

1° Le *cœur* a la forme d'un gros vaisseau cylindrique qui occupe, en longueur, la plus grande partie du thorax. Généralement, il s'étend dans les cinq premiers anneaux et dans une partie du sixième. Il est toujours dorsal par rapport à tous les autres viscères.

2° Il est maintenu en place par les artères auxquelles il adhère tout le long de sa face antérieure et par trois séries parallèles et longitudinales de petits tractus détachés de ses parois et insérés d'autre part aux parties voisines. Une de ces séries de brides est médiane et dorsale, les deux autres sont latérales et symétriques. Dans chacune d'elles, ces bandelettes correspondent au milieu des anneaux.

3° Il est percé d'*ouvertures cardio-péricardiques* latérales et symétriques en forme de fentes obliques qui s'ouvrent pendant la diastole et se ferment pendant la systole. Il existe trois paires de ces ouvertures chez les Crevettines sauteuses, une seule chez les marcheuses, autant du moins que nous avons pu en juger par l'étude du seul type que nous ayons examiné dans ce dernier groupe (la Corophie).

Malgré l'exception offerte par ce dernier animal, et peut-être par le groupe auquel il appartient, le nombre de trois paires nous paraît devoir être considéré comme normal chez les Amphipodes, d'autant plus que c'est ce nombre qui se trouve exister, d'après les recherches de Claus, chez les Hypérines.

4° Du cœur naissent deux aortes qui continuent absolument sa direction, mais avec un calibre plus restreint. L'une et l'autre sont toujours munies, à leur origine, d'une valvule à deux lèvres. Ces aortes déversent le sang par leurs extrémités ouvertes dans un vaste sinus ventral; mais il existe quelques différences entre ces deux vaisseaux chez les divers Amphipodes.

5° L'*aorte inférieure* ou *abdominale,* chez les Crevettines sauteuses, descend sans donner de divisions dans l'abdomen; mais, arrivée dans le troisième anneau de cette partie du corps, elle émet deux grosses et courtes branches latérales et, presque aussitôt, se termine en perdant ses parois. Les branches latérales ainsi que la division terminale déversent leur contenu dans le sinus ventral, celle-ci sur la ligne médiane en arrière du rectum, celles-là, sur les côtés de cet organe qu'elles ont en partie contourné. Les extrémités de ces trois ramifications sont séparées du péricarde par la membrane limitante de cette cavité.

Chez les Corophies, l'aorte inférieure ne se divise pas et déverse son contenu dans une cavité dorsale qui n'est ni le péricarde ni le sinus ventral, et par l'intermédiaire de laquelle les globules issus de son intérieur se rendent dans les appendices des trois derniers anneaux de l'abdomen.

6° Outre l'aorte thoracique, le cœur émet à son extrémité supérieure, chez les Crevettines sauteuses, deux vaisseaux que j'ai appelés *artères faciales* et qui se ramifient autour des yeux et dans les muscles des parties latérales de la tête. Rien de pareil n'existe chez les Corophies.

7° L'*aorte supérieure,* chez les Crevettines sauteuses et marcheuses, monte verticalement dans la tête, se dédouble au niveau du cerveau en deux branches situées en arrière l'une de l'autre, dans un même plan vertical médian antéro-postérieur, qui passent, l'antérieure dans le collier œsophagien en arrière de l'œsophage, la postérieure, superficiellement, entre le cerveau et les téguments. Après avoir

8

franchi le cerveau, ces deux branches se réunissent et reconstituent une aorte simple.

De cette disposition résulte un *anneau vasculaire péricérébral* situé dans le plan vertical médian de l'animal et que je considère comme caractéristique des Amphipodes, car il se retrouve chez tous ceux que j'ai examinés.

L'aorte, soit directement, soit par l'intermédiaire des branches de l'anneau, fournit des artérioles aux antennes et au ganglion cérébroïde. A son extrémité, elle s'ouvre dans la base du labre et déverse en ce point son contenu dans le sinus ventral. A une petite distance au-dessus de sa terminaison, elle donne naissance, par sa face profonde, à deux grosses et courtes branches qui forment, autour de l'œsophage, un *collier vasculaire périœsophagien* situé dans un plan perpendiculaire à l'anneau péricérébral, et qui correspond absolument à celui que nous avons décrit chez les Isopodes. Ce collier fournit, comme dans ce dernier groupe, les vaisseaux afférents des appendices de la bouche. La seule différence consiste en ce qu'il est plus lâche et moins nettement limité en avant que chez les Isopodes. Il n'existe aucune trace d'artère prénervienne.

Chez les Talitres il existe, en outre, un second anneau vasculaire autour d'une paire de glandes frontales accolées sur la ligne médiane, qui s'ouvrent par un petit orifice dans l'article basilaire des grandes antennes et qui répondent, par leur position, à la place assignée par certains auteurs aux organes urinaires.

8° Le *sinus ventral* est une grande cavité qui occupe toute la face antérieure de l'animal, entre les téguments et le tube digestif, et qui est parfaitement limitée de tous côtés, excepté dans la tête, où elle est en communication avec les lacunes de cette partie. Il est alimenté à son extrémité supérieure :

a) Par le sang sorti de l'aorte à son extrémité librement ouverte ;

- *b*) Par le sang revenu des antennes et des appendices buccaux et qui a été apporté dans ces organes par des vaisseaux artériels ;

c) Enfin, par le sang contenu dans les lacunes des parties molles de la tête.

A son extrémité opposée, ses connexions sont différentes chez les Crevettines sauteuses et chez les marcheuses. Chez les premières, l'aorte abdominale déverse immédiatement son contenu dans sa cavité ; chez les secondes, le sang issu de cette artère va d'abord dans les pattes abdominales des trois dernières paires et n'est déversé dans le sinus qu'après avoir circulé dans ces appendices.

9° Le sinus ventral fournit leurs vaisseaux afférents à tous les appendices du thorax, et de l'abdomen sans exception chez les Crevettines, à l'exception des trois derniers de l'abdomen chez les Corophies.

Dans les pattes, les vaisseaux afférents et efférents possèdent des parois propres.

Dans les branchies, il existe un vaisseau marginal et des lacunes centrales.

Chez les Crevettines sauteuses, les lames épimériennes du thorax et de l'abdomen jouent le rôle de branchies. Elles possèdent un vaisseau afférent, spécial, médian, qui vient du sinus, et un vaisseau efférent marginal en connexion avec les vaisseaux péricardiques.

10° Les vaisseaux efférents des appendices, réduits par anastomose à une paire par anneau, dans le thorax, constituent, pour cette partie du corps, sept paires de *vaisseaux péricardiques* chargés de ramener le sang au péricarde. Ces vaisseaux péricardiques sont superficiels et suivent la courbure des arceaux dorsaux.

Dans l'abdomen il existe, en outre, chez les Crevettines sauteuses, six paires de vaisseaux semblables, chargés de recueillir de la même manière et de conduire au péricarde le sang des appendices abdominaux.

Chez les Corophies, il n'y a pas de vaisseaux péricardiques pour l'abdomen, car le sang des trois dernières paires d'appendices, venu de l'aorte, retourne au sinus ventral, et celui des trois premières, venu du sinus, rentre dans cette même cavité.

11° Le *péricarde* occupe toute la longueur du corps chez les Crevettines sauteuses ; il s'arrête dans le thorax chez les Corophies. Il est, chez les unes comme chez les autres, parfaitement clos et ne possède d'autres ouvertures que celles par lesquelles les vaisseaux péricardiques débouchent dans son intérieur. Le cœur et l'aorte inférieure sont contenus dans sa cavité.

Chez la Corophie, cette dernière ne s'y trouve contenue qu'en partie.

12° Il résulte de cette disposition de l'appareil circulatoire que le sang est partout mixte avec des proportions variables de sang artériel et de sang veineux dans les diverses parties du corps, sans qu'on puisse dire que les organes les plus importants au point de vue physiologique sont les plus favorisés par la qualité du sang qui les nourrit.

COMPARAISON ENTRE LES ISOPODES ET LES AMPHIPODES.

Etudier, comme nous l'avons fait jusqu'ici, à la suite les uns des autres les différents types de Crustacés édriophthalmes et décrire minutieusement tous les faits relatifs à l'histoire de leur circulation, serait un travail bien aride et, peut-être même, d'une utilité contestable, si quelques idées générales ne devaient pas se dégager de la foule des détails et conduire à quelques conclusions sur les affinités des êtres et sur les rapports de leur organisation.

Nous aurons évité cet écueil si nous parvenons à montrer par quelques rapprochements exacts, quoique peut-être un peu inattendus, qu'il existe entre les appareils circulatoires, si différents en apparence, des Isopodes et des Amphipodes, un lien étroit, et que l'un dérive de l'autre par les conséquences inévitables du développement d'un petit nombre de parties nouvelles.

Entre les Amphipodes et les Isopodes, sous le rapport de la circulation, la différence semble, au premier abord, absolue.

Chez les premiers, simplicité très grande, rareté ou absence de ramifications artérielles, grandeur démesurée des cavités qui contiennent le sang, confusion des systèmes veineux et artériel, similitude de la circulation dans les divers appendices, pattes ou branchies, quelles que soient leur nature et leur fonction, mélange du sang artériel et du sang veineux sur une grande échelle de manière à ne former partout qu'un liquide mixte, etc., etc. Chez les autres, au contraire, complexité poussée à un très haut degré, ramifications artérielles innombrables, cavités étroites et bien limitées, circulation absolument inverse dans les appendices, selon qu'ils sont, ou non, chargés d'une fonction respiratoire; finalement, séparation presque complète du sang veineux et du sang artériel.

Cependant, il n'est pas impossible de retrouver au milieu de toutes ces différences des deux types une similitude fondamentale qui permet de concevoir le second comme un simple perfectionnement du premier.

Une première objection au rapprochement que nous allons tenter pourrait être cherchée dans la position du cœur, qui est thoracique chez les Amphipodes, abdominal chez les Isopodes.

La réponse est facile. D'abord, entre le cœur entièrement thoracique des Amphipodes et le cœur exclusivement abdominal de quelques Isopodes, on trouve, chez ces derniers, toute une série d'états intermédiaires dans lesquels le cœur s'avance de plus en plus dans le thorax. En outre, et c'est là le fait principal, le cœur doit être considéré comme une portion d'un long vaisseau dorsal qui est devenu contractile en un de ses points. Or, que ce point se trouve dans la partie supérieure, moyenne ou inférieure du vaisseau, c'est là une circonstance tout à fait secondaire qui ne s'oppose pas à l'uniformité du type.

Le péricarde lui-même n'est autre chose qu'une cavité formée secondairement par la fusion des lacunes qui entouraient le cœur. Cette fusion s'est opérée nécessairement dans les points où elle était nécessaire, c'est-à-dire autour de la portion contractile du vaisseau dorsal. La manière dont le péricarde se perd insensiblement dans les lacunes de la région dorsale chez les Isopodes est une preuve de sa nature lacunaire primitive.

Une autre différence consiste en ce que le cœur des Isopodes est terminé, en bas, en cul-de-sac, tandis que, chez les Amphipodes, l'extrémité inférieure de cet organe s'ouvre dans une aorte abdominale. Les aortes inférieures des Isopodes n'en correspondent pas moins à l'aorte inférieure impaire des Amphipodes et leur naissance en un point de la face antérieure du cœur nous autorise à considérer toute la portion de cet organe située au-dessous d'elle comme une sorte de cul-de-sac, d'anévrysme physiologique développé sur sa face dorsale.

Morphologiquement, l'extrémité inférieure du cœur des Isopodes correspond au point d'insertion des artères abdominales.

Une difficulté plus sérieuse provient de l'existence, chez les seuls Amphipodes, de l'anneau péricérébral. Peut-être pourrait-on chercher son homologue dans les petites artères cérébrales des Isopodes qui naissent précisément sur la ligne médiane, de la face dorsale de l'aorte, l'une au-dessous, l'autre au-dessus du ganglion cérébral, et qui s'anastomosent en arrière de lui.

Quoi qu'il en soit, ce sont là des divergences de détail, et la différence fondamentale consiste dans ces deux faits que, chez les Amphipodes, les vaisseaux afférents des membres viennent du sinus ventral et non du cœur et que leurs vaisseaux efférents se rendent au péricarde et non au sinus ventral.

Faisons remarquer d'abord que, dans l'abdomen, ces différences n'existent pas.

Le sang contenu dans le sinus abdominal de l'Isopode va de ce sinus aux appendices abdominaux et de ceux-ci au péricarde par des vaisseaux gros et courts, non ramifiés, rampant superficiellement sous les téguments, tout comme chez le Talitre. Seulement, ces appendices sont, dans un cas, de simples organes moteurs, tandis que dans l'autre ils sont aussi respiratoires, différence toute physiologique qui ne peut point nous arrêter.

Mais, dans le thorax, pour pouvoir continuer l'assimilation, il faudrait pouvoir retrouver chez l'Isopode le vaisseau péricardique centripète de l'Amphipode et expliquer la présence des artères thoraciques qui n'existent pas chez ce dernier.

Selon nous, les vaisseaux péricardiques sont représentés, chez les Isopodes, par les courants veineux centripètes des lacunes dorsales et les artères thoraciques ne sont autre chose qu'une portion de ces mêmes courants endiguée et mise en relation immédiate avec le cœur.

Quelques explications sont ici nécessaires :

On se rappelle que chez les Isopodes le péricarde s'ouvre en haut dans les lacunes de la région dorsale et qu'une petite quantité de sang remonte de la cavité veineuse ventrale vers ces lacunes en suivant superficiellement la courbure de chaque segment et, finalement, arrive au péricarde et au cœur. Or, c'est là précisément la description des vaisseaux péricardiques des Amphipodes. Lorsqu'on examine le mouvement des globules chez un Isopode vivant, une Conilère par exemple, et qu'on voit dans les anneaux du thorax ces courants centripètes venant de la région ventrale pour aboutir au péricarde, il est impossible de ne pas penser aux vaisseaux péricardiques des Amphipodes. Entre les uns et les autres, tout est identique, depuis les connexions aux deux extrémités, jusqu'au sens du courant sanguin.

Ainsi, chez les Isopodes, on retrouve les vaisseaux péricardiques des Amphipodes dans toute l'étendue du corps.

Reste à expliquer la présence des artères thoraciques chez les premiers. Or, la position de ces artères dans l'intérieur des courants centripètes dont nous venons de parler, leurs connexions identiques, puisqu'elles vont, comme ceux-ci, de la base des pattes au cœur, n'amènent-elles pas à penser qu'elles ne sont autre chose qu'une portion de ces mêmes courants endiguée dans des parois nettes et prolongée jusqu'au cœur d'un côté, jusqu'à la patte de l'autre [1]?

Si l'on admet cela, tout devient clair.

Les artères nouvellement développées se trouvant en continuité avec l'organe central d'impulsion, leur contenu subit, du côté de cet organe, une pression plus grande que du côté de la patte et le sens du courant circulatoire est obligé de s'inverser dans leur intérieur.

C'est là une conséquence toute mécanique et inévitable.

Dans la portion non endiguée, au contraire, la pression n'est pas différente de celle du péricarde séparé du cœur par les valvules de celui-ci et le sens du courant reste le même qu'auparavant.

L'inversion du sens du courant sanguin se fait sentir bien au-delà des artères thoraciques. Les vaisseaux efférents, des membres, en continuité avec ces artères, voient forcément le sens du courant se renverser dans leur intérieur, et ils deviennent afférents. L'effet se propage par eux aux vaisseaux afférents, qui deviennent efférents, et jusqu'au sinus ventral, qui devient alors une cavité purement veineuse dans le thorax. Dans l'abdomen, au contraire, rien n'est changé, et le sens du mouvement circulatoire dans les vaisseaux qui partent du sinus reste le même que chez les Talitres.

Il est si vrai que toute la différence entre les Isopodes et les Amphipodes gît dans la présence des artères thoraciques chez les premiers, que, si l'on suppose ces artères oblitérées, ou plutôt non développées, le mouvement circulatoire deviendra immédiatement identique dans les deux types.

Les globules partis du cœur iront dans l'aorte supérieure, de là dans le collier œsophagien, puis dans l'artère prénervienne; de là, les larges anastomoses du système ventral les conduiront dans les artères crurales et, après avoir circulé dans les pattes, ils tomberont dans la cavité veineuse ventrale et pourront suivre les courants veineux centripètes du thorax pour retourner au péricarde et au cœur.

---

[1] S'il existe chez les Hypérines, comme Claus l'a décrit, indépendamment des aortes, trois paires d'artères nées latéralement du cœur, il y aurait peut-être là un intermédiaire entre le système artériel bien vascularisé des Isopodes et celui des Amphipodes contenu en majeure partie dans un sinus.

La ressemblance deviendra plus frappante encore si l'artère prénervienne et le système ventral, ne s'étant pas développés non plus,
sont restés confondus avec le sinus ventral. Dans ce cas, dès leur
issue hors de l'aorte supérieure, les globules déversés dans le sinus
ventral iront en partie aux pattes thoraciques et, de là, au péricarde
par les courants veineux centripètes, en partie aux appendices abdominaux et au péricarde par les vaisseaux branchio-péricardiques.

On n'emploierait pas de termes différents pour décrire la circulation chez les Amphipodes.

En résumé, nous voyons que les appareils circulatoires des Isopodes et des Amphipodes différaient en deux points principaux,
savoir : 1° la présence d'artères afférentes pour les membres dans
ceux-là et leur absence dans ceux-ci ; 2° la direction absolument
inverse du courant circulatoire chez les uns et chez les autres.

Or, nous croyons avoir démontré que la seconde de ces différences
est la conséquence inévitable de la première et que, d'ailleurs, elle
n'est pas complète, puisqu'il existe chez les Isopodes un vestige de
l'état qui a persisté chez les Amphipodes.

Pour ce qui est de la première, elle est grande certainement,
mais elle peut s'expliquer par l'endiguement dans des parois nettes
d'une partie des courants veineux centripètes du thorax pour former les artères thoraciques et d'une partie du sinus ventral pour
former l'artère prénervienne et le système ventral ; cet endiguement
a pu se faire par un procédé qui n'a rien d'anormal et que l'on voit
appliqué à chaque instant dans la formation des voies sanguines
chez les Invertébrés.

Nous pouvons donc répéter ce que nous disions en commençant
ce chapitre, que l'appareil circulatoire des Isopodes dérive de celui
des Amphipodes « par les conséquences inévitables du développement d'un petit nombre de parties nouvelles ».

III. LÆMODIPODES.

HISTORIQUE.

Les travaux consacrés à l'étude de l'appareil circulatoire des
Læmodipodes sont presque tous relatifs à la famille des Caprellidés.

Il existe cependant, dans le mémoire bien connu de Roussel de
Vauzème (V) sur le Cyame (1834), quelques faits concernant la circu-

lation du sang chez cet animal. L'auteur a constaté la présence du cœur et a même pu l'injecter. Il n'a pu reconnaître si certaines éraillures de la paroi de cet organe sont des orifices auriculo-ventriculaires ou les embouchures de vaisseaux branchio-cardiaques.

D'après ce que nous savons de la circulation chez tous les autres Edriophthalmes, il est presque permis de rejeter *à priori* cette dernière hypothèse.

Le mémoire ne contient aucune mention des autres parties de l'appareil.

Pour ce qui concerne les Caprellides, un des plus anciens mémoires où il soit parlé de la circulation est celui de Wiegmann (VI), qui date de 1839. Nous ne ferons que le citer, l'auteur n'ayant parlé que de la forme des globules, qu'il a trouvés fusiformes, et des courants qui parcourent les appendices.

En 1842, H. Goodsir (VIII), parlant de ces mêmes courants, les considère comme de véritables vaisseaux. On lui a beaucoup reproché cette assimilation, juste cependant, et que nous croyons avoir formellement démontrée, mais qu'il n'avait pas appuyée sur des preuves suffisantes. Goodsir avait vu également le vaisseau dorsal, mais sans donner de détails sur sa constitution.

Le premier mémoire véritablement important sur le sujet qui nous occupe est celui de Frey et Leuckart (IX), publié en 1847. Ces auteurs ont vu le cœur et décrivent assez exactement sa forme et ses rapports. Ils lui attribuent cinq paires d'orifices latéraux, nombre exagéré dans lequel sont comprises, sous le titre de fentes latérales, deux sortes très différentes d'appareils, ainsi que nous le démontrerons plus loin. Du cœur naîtrait, d'après eux, une seule aorte antérieure qui, arrivée dans la tête, s'ouvrirait à plein canal dans un sinus artériel ventral chargé de fournir à tous les appendices leurs vaisseaux afférents. Les deux dernières paires, cependant, ainsi que l'abdomen rudimentaire, recevraient leur sang directement de l'extrémité postérieure du cœur, mais par des voies non endiguées dans des parois propres.

Les courants de retour suivraient le bord supérieur ou antérieur des appendices et se jetteraient dans le cœur, où ils entreraient par ses orifices latéraux.

Cet intéressant mémoire contient, à côté de quelques erreurs et de descriptions incomplètes, une somme notable de faits exacts qui constituent le fondement de ce que nous savons aujourd'hui sur la circulation des Caprelles.

Fritz Müller (XXI), en 1864, réduisit à trois paires le nombre des orifices latéraux du cœur ; mais son assertion, avancée sans preuves, resta sans écho.

Dohrn (XXIII), en 1866, reprenant l'étude des Caprelles, ajouta quelques faits à ceux qu'avaient fait connaître Frey et Leuckart. On lui doit une description plus exacte, sans l'être entièrement, de l'aorte antérieure. Il reconnut qu'elle s'avançait jusqu'au cerveau et se divisait en ce point en deux branches. Mais sa description de ces branches pèche en ce qu'elle indique la première comme se terminant au niveau des antennes supérieures et la seconde comme se perdant sur l'estomac. Nous verrons, au contraire, que ces deux branches se réunissent l'une à l'autre au-devant du cerveau après avoir formé un anneau vertical autour de cet organe, et que l'aorte reconstituée descend, avant de perdre ses parois, jusqu'au niveau du labre.

D'autre part, Dohrn accepte les cinq paires de fentes latérales de Frey et Leuckart et, pas plus qu'eux, n'a vu l'aorte postérieure ni le péricarde.

Cette aorte postérieure dont les parois se distinguent avec la plus grande netteté lorsqu'on examine un animal par le dos, a été vue pour la première fois par Aloïs Gamroth (XXXI), en 1878, dans un mémoire où la circulation des Caprelles est étudiée avec beaucoup de détails.

A part cette aorte, l'auteur n'a rien ajouté aux faits déjà connus et est tombé dans l'erreur commune en admettant cinq paires d'orifices cardio-péricardiques.

Enfin G. Haller (XXXIII), dans un mémoire qui date de 1879, revenant sur le nombre de ces orifices, le réduit à quatre paires et adopte, pour le reste, les idées de Dohrn et celles de Gamroth.

En résumé, nous voyons que, dans l'état actuel de la question, le nombre des orifices du cœur des Caprelles est très discuté. Les nombres cinq, quatre et trois, sont soutenus par divers auteurs, et, malgré l'autorité de Fritz Müller, c'est le premier qui tend à prévaloir.

Nous croyons pouvoir revendiquer pour nous la démonstration de l'existence de trois paires d'orifices seulement ; car, si ce nombre trois a été indiqué avant nous, personne encore n'avait montré comment ceux qui croient à cinq paires d'orifices avaient été induits en erreur par un aspect illusoire dont nous avons donné l'explication. Nous croyons être le premier aussi qui ait fait connaître les valvules cardio-aortiques, la disposition de l'aorte antérieure et son anneau péricérébral, le mode de terminaison exact de l'aorte inférieure par trois branches qui se comportent comme chez les Corophies, et enfin l'existence d'un péricarde qui, pour être large et irrégulier, n'en est pas moins parfaitement clos, excepté dans les points déterminés où les vaisseaux efférents des appendices se jettent dans sa cavité.

LÆMODIPODES FILIFORMES (CAPRELLIDÉS).

A notre grand regret, nous n'avons pu nous procurer à Roscoff de types de la famille des Cyamidés. Ces êtres, tous parasites sur les Baleines, ne peuvent être, on le conçoit, apportés sur nos côtes que très exceptionnellement.

CAPRELLA ACANTHIFERA (LEACH).

(Pl. X, fig. 1 à 6.)

C'est la *Caprella acanthifera* que j'ai prise, comme type des Læmodipodes filiformes, pour en faire une étude approfondie.

Je dois avouer que mon choix n'a pas été heureux. Cette Caprelle n'atteint jamais une taille aussi grande que certaines autres Caprellides que l'on peut se procurer à Roscoff, la *C. acutifrons* par exemple ou la *Protella phasma*. Elle est en outre peu transparente, et sa tête forme avec le thorax un coude brusque que les injections franchissent difficilement. Bien des faits que je n'ai pu reconnaître qu'après de longues recherches m'ont pour ainsi dire sauté aux yeux, lorsque j'ai voulu les vérifier chez les autres types. Ces circonstances, nuisibles au point de vue de la rapidité des recherches, n'ont peut-être pas eu une mauvaise influence sur leur exactitude, car elles m'ont forcé à concentrer sur l'objet de mon étude une attention soutenue pendant plusieurs semaines.

C'est surtout relativement aux Caprelles que l'on pourrait insister sur la nécessité d'injecter les animaux, même lorsque l'examen par transparence semble nous révéler tous les détails de la circulation. Elles sont un exemple frappant des erreurs et des omissions auxquelles sont sujets les meilleurs esprits, lorsqu'ils tentent de demander à certaines méthodes d'investigation ce qu'elles sont incapables de leur donner. C'est ainsi que tous les auteurs ont méconnu l'existence de l'anneau vasculaire péricérébral, et que ceux qui ont entrevu son origine ont commis une erreur en prenant sa branche profonde pour une artère destinée à l'estomac.

Mais n'anticipons pas et décrivons méthodiquement, comme nous l'avons toujours fait, l'appareil circulatoire du type que nous avons choisi.

Cœur et péricarde.

Le *cœur* est un long vaisseau contractile situé le long du dos, en arrière du tube digestif (fig. 1 et 3, *c*). Il commence dans la tête, un peu au-dessous du niveau de l'insertion de la première paire de pattes préhensiles, en un point qui, par conséquent, au point de vue morphologique, peut être considéré comme placé dans le premier anneau thoracique [1]. Il traverse les deuxième, troisième et quatrième anneaux, et se termine dans le cinquième, un peu au-dessus de la limite qui le sépare du suivant.

Sa forme n'est pas cylindrique ; il est en effet rétréci entre les anneaux et dilaté au milieu de chacun d'eux, en des points qui, dans l'espèce qui nous occupe, sont marqués par une éminence portant deux épines situées presque côte à côte, tout près de la ligne médiane. Il n'y a cependant que trois de ces dilatations qui soient un peu notables ; ce sont celles des deuxième, troisième et quatrième anneaux, celle du cinquième étant nulle ou peu s'en faut.

Ses moyens de fixité sont d'abord les deux aortes qui naissent de ses extrémités, et ensuite de petites brides qui, se détachant de sa substance, viennent s'insérer aux téguments dans l'intérieur des épines dont nous avons parlé tout à l'heure et qui ont fait donner à notre Caprelle son nom spécifique. Ces brides ne sont pas symétriques. Parties du sommet intérieur de l'épine qui leur sert d'inser-

---

[1] Dans les descriptions suivantes, nous compterons comme premier anneau celui qui est soudé avec la tête. Le premier anneau indépendant portera donc le numéro 2 ; les deux anneaux branchifères, les numéros 3 et 4, etc.

tion fixe, elles se portent vers le cœur, l'une en haut, l'autre en bas, de manière à former avec lui des angles dont les sinus sont tous dirigés en haut du côté gauche et en bas du côté droit (fig. 6).

Dans le fond de ces angles s'ouvrent des fentes obliques, pratiquées dans la paroi du cœur, et qui représentent ses orifices de communication avec le péricarde. Il existe donc *trois paires de fentes cardio-péricardiques*, disposées dans les deuxième, troisième et quatrième anneaux de l'animal.

Ainsi que nous l'avons vu dans l'exposé historique qui précède ce chapitre, on a beaucoup discuté sur le nombre et la position de ces orifices; certains auteurs en admettant trois et rien de plus, d'autres quatre et d'autres cinq.

Nous avons examiné trois espèces de Caprelles, deux *Proto* et une *Protella*, et nous avons toujours trouvé ces trois orifices et jamais plus. Mais toujours aussi nous avons trouvé en outre deux valvules cardio-aortiques, situées à l'origine des aortes dans les points où nous avons placé les limites du cœur. Les auteurs qui ont décrit quatre ou cinq orifices cardio-péricardiques ont confondu avec ceux-ci une ou deux des valvules cardio-aortiques ; ceux qui n'en ont décrit que trois, comme Müller, ont méconnu complètement l'existence de ces dernières ; en sorte que ni les uns ni les autres n'ont reconnu la vérité.

Lorsqu'on examine au microscope une Caprelle choisie parmi les plus transparentes, bien vivante et couchée sur le côté, on voit facilement dans les deuxième, troisième et quatrième anneaux, des sortes de bouches qui s'ouvrent et se ferment alternativement. Ce sont les orifices cardio-péricardiques. Ils sont au nombre de six, formant trois paires, une dans chacun des anneaux que nous avons nommés. Ils ont l'aspect de fentes taillées obliquement dans la paroi du cœur et bordées par une fibre musculaire. Des deux bords de chacun d'eux partent deux minces membranes constituées par un prolongement de la couche conjonctive qui réunit les éléments de la couche contractile du cœur. Ces membranes, adhérentes par un seul de leurs bords, se portent en dedans et s'adossent l'une à l'autre, de manière à s'ouvrir facilement devant une pression extérieure et à se fermer devant une pression inverse. Ce dernier cas se présente dans la systole du cœur, pendant laquelle on les voit faire

fortement saillie en dehors par leur partie moyenne (fig. 6, valvul
du quatrième anneau du côté droit).

Si, pendant que l'animal est dans la même position, on porte so
attention sur la tête et sur le cinquième anneau, dans les points o
nous avons placé les limites du cœur, on voit bien, là aussi, un cer
tain mouvement, quelque chose qui bat d'une façon rythmique
mais la sensation est confuse et, dans tous les cas, j'affirme qu
jamais on ne peut voir un globule entrer dans le cœur à ce niveau

Si, au contraire, on place l'animal sur le ventre (ce qui, pour cer
taines espèces, est une petite manœuvre assez difficile), l'aspec
change complètement.

Dans les deuxième, troisième et quatrième anneaux, les orifice
cardio-péricardiques se présentent en coupe et non plus de face, e
leur disposition par paires se révèle, ainsi que les brides de fixatio
qui sont auprès d'eux (fig. 6). Dans la tête et dans le cinquième an
neau, on voit nettement une sorte de V dont la pointe fait sailli
dans la cavité de l'aorte, sur la ligne médiane; tandis que les côté
s'insèrent, après avoir décrit une courbe, sur les parois latérale
du cœur. Ce V est l'expression optique de deux lames dirigées pa
rallèlement aux plans latéraux de l'animal, qui se détachent de
parois latérales du cœur et s'avancent à la rencontre l'une de l'au
tre, jusqu'à s'adosser et se réfléchir ensemble, de manière à fair
saillie dans le vaisseau.

Il résulte de cette disposition qu'elles s'écartent sans effort pou
laisser passer le sang du cœur dans l'aorte, mais qu'elles se rappro
chent et interdisent tout passage, lorsque la pression s'exerce e
sens inverse. En un mot, et pour répéter une comparaison que nou
avons plusieurs fois employée, elles fonctionnent comme les val
vules sigmoïdes du cœur des Vertébrés.

Revenons maintenant à ce que l'on voyait au niveau de ces val
vules, lorsque l'animal était couché sur le côté. Dans cette position
l'observateur n'apercevait qu'une seule des lames, qui se présentai
de face, immobile à sa base tournée vers le cœur, et se rapprochant
puis s'éloignant alternativement par son bord libre de l'œil qu
l'observait. On conçoit qu'un tel mouvement, appréciable seulemen
par des changements de mise au point, soit difficile à interpréte
sous le microscope.

Il est probable que les auteurs qui ont décrit quatre ou cinq ori
fices cardio-péricardiques ont assimilé le mouvement qu'ils obser

vaient au niveau des valvules aortiques à celui qui est si évident dans les trois anneaux moyens, attribuant à quelque circonstance accessoire le manque de netteté de l'impression visuelle dans les anneaux extrêmes. L'examen de l'animal par le dos leur aurait aussitôt montré la vérité.

Le *péricarde* (*p*, fig. 1 et 3) est une grande cavité, qui ne le cède pas en capacité au sinus ventral. Il règne tout le long de la face dorsale de l'animal et entoure le cœur de tous côtés, excepté en avant, où ce dernier adhère au tube digestif.

Le corps tout entier de la Caprelle se compose en réalité de deux grandes cavités pleines de sang : l'une dorsale, le péricarde, l'autre ventrale, le sinus, entre lesquelles sont placés les viscères et en particulier le tube digestif, qui fait partie de la cloison qui les sépare.

En bas, le péricarde commence dès la partie inférieure du sixième anneau ; en haut, il pénètre un peu dans la base de la tête, dans cette région qui correspond à la première patte ravisseuse et qui n'est en réalité que le premier anneau soudé à la tête. Du côté dorsal, il est immédiatement sous-jacent à la carapace dont il suit les contours et remplit les éminences, pénétrant jusque dans la cavité des épines (fig. 3). Sur les côtés (fig. 1) il est limité par une ligne onduleuse, qui s'infléchit au niveau de chaque appendice comme pour aller à la rencontre du vaisseau qui lui est destiné.

Arrivé dans le péricarde, le sang le parcourt de haut en bas dans sa partie supérieure, de bas en haut dans sa partie inférieure, et c'est dans le segment qui porte la deuxième branchie que se fait la rencontre des deux courants opposés. C'est là aussi que se trouve la dernière ouverture cardio-péricardique, qui est la plus grande et la plus active. Cette ouverture reçoit tout le sang qui revient des trois paires de pattes inférieures, de la deuxième branchie et une partie de celui qui revient de la première. La seconde ouverture reçoit seulement une partie du sang revenu de la première branchie, qui s'est divisé en deux colonnes : l'une transversale, qui se rend à cette ouverture ; l'autre obliquement descendante, qui se rend à la troisième fente cardio-péricardique. Enfin, le plus élevé de ces orifices reçoit le sang qui revient des deux paires de pattes ravisseuses.

Les dimensions plus grandes et l'importance majeure de la fente cardio-péricardique du quatrième anneau doivent nous rappeler le fait que, chez les Corophies, cette fente existe seule.

Système artériel.

L'*aorte supérieure* (*as*, fig. 1), que l'on pourrait difficilement appele
ici *thoracique*, est située dans la tête, ou plutôt dans le segment form
par la tête et le premier anneau soudés ensemble. D'abord tout à fai
superficielle, elle devient peu à peu de plus en plus profonde e
ménage, entre sa face dorsale et les téguments postérieurs de l
tête, une cavité occupée par du sang veineux. Arrivée au niveau d
ganglion cérébroïde, elle se dédouble en deux branches : l'une pos
térieure ou superficielle, qui passe en arrière du cerveau ; l'autr
profonde et antérieure, qui passe en arrière du tube digestif dans l
collier nerveux périœsophagien. Après avoir franchi la masse ner
veuse cérébroïde, ces deux branches se jettent l'une dans l'autre
après avoir formé un *anneau vasculaire péricérébral* (fig. 1, *cc*) situ
dans le plan médian vertical antéro-postérieur de l'animal, et qu
est absolument identique à celui que nous avons décrit à la mêm
place chez les Amphipodes vrais. Après la réunion des deux bran
ches de l'anneau, l'aorte reconstituée (fig. 1 et 2) continue son tra
jet et va se perdre, par disparition de ses parois, dans la base d
labre. Elle déverse à ce niveau tout son contenu dans les lacunes d
la tête, qui le conduisent au sinus ventral.

Dans son trajet, l'aorte supérieure fournit seulement deux paire
de branches nées toutes les deux de la branche superficielle d
l'anneau péricérébral (fig. 1 et 2). Ces deux paires de branche
sont les artères antennaires (*a, a'*), qui parcourent ces appendice
de la base au sommet dans toute leur longueur. Celle de l'antenn
postérieure donne même, dans le premier article du pédoncule, ur
petit rameau d'une finesse extraordinaire que j'ai réussi à injecte
et qui est destiné aux muscles de cet article.

Il n'existe pas de collier vasculaire périœsophagien. Cette déro
gation à la règle nous paraît devoir être considérée non comm
l'indice d'une constitution aberrante, mais comme la conséquenc
du peu de perfection de toutes les parties chez un animal petit
simple et dégradé.

L'*aorte inférieure* (*ai*, fig. 1), qui mérite moins encore le nom
d'*abdominale* que la supérieure celui de *thoracique*, continue en bas
la direction du cœur. Elle descend dans le sixième anneau thora-

cique et arrive dans le septième, où elle perd ses parois tout près du bord supérieur de ce segment (*n*, fig. 1). Mais, avant de disparaître, et à l'extrémité inférieure du sixième anneau, elle émet deux très courtes branches latérales et symétriques qui plongent en avant, contournent l'intestin et s'ouvrent à plein canal dans le sinus ventral (fig. 1, *m*). La plus grande partie du sang de l'aorte inférieure passe par ces conduits latéraux ; le reste continue à suivre le vaisseau principal pendant le court trajet qu'il fait encore avant de perdre ses parois, et finalement sort par son extrémité largement ouverte. Ainsi abandonné sans digues, le sang, poussé simplement par l'impulsion primitive, se rend dans les pattes inférieures et dans le petit tubercule qui représente l'abdomen.

Nous .avons rencontré jusqu'ici deux modes de terminaison de l'aorte inférieure. Dans un premier cas, celui du Talitre, elle se déverse à plein canal, comme ses branches latérales, dans le sinus ventral ; dans le second, celui de la Corophie, elle déverse son contenu dans une cavité dorsale distincte du péricarde et du sinus ventral, de laquelle il passe dans les appendices inférieurs de l'animal. Chez les Caprelles, la chose se passe comme chez la Corophie ; et nous verrons encore, dans d'autres circonstances, que c'est par l'intermédiaire des Crevettines marcheuses que les Læmodipodes se rattachent aux Amphipodes.

Sinus ventral.

Le *sinus ventral* (*s*, fig. 1 et 3), qui occupe la position que nous avons déjà plusieurs fois décrite entre le tube digestif et la paroi antérieure du corps, est alimenté à ses deux extrémités par le sang sorti des aortes. Mais ce liquide ne lui arrive pas tout entier directement de ces vaisseaux. Pour ce qui est de l'aorte supérieure, une partie du sang qui a pris son canal arrive directement au sinus par son extrémité librement ouverte ; mais une autre partie ne parvient à cette cavité qu'après avoir circulé dans les antennes et dans les lacunes de la tête. Cette seconde partie est celle qui, dans l'aorte, a pris la voie des artères antennaires. On peut préciser davantage et dire que le sang qui a circulé dans la première paire d'antennes se jette dans la vaste lacune que nous avons décrite en arrière de l'aorte céphalique, la parcourt de haut en bas, passe sur les côtés de la partie inférieure de l'estomac, puis se jette dans le sinus au niveau de l'origine de la première paire de pattes. Celui qui revient des antennes de la seconde paire se joint à celui que déverse l'aorte à son extrémité, se porte en bas en contournant l'œsophage et se jette aussi dans le sinus. En passant en arrière des appendices buccaux, il pénètre en partie dans leur intérieur. Tous ces courants, malgré leur trajet assez bien défini, ne sont d'ailleurs nullement endigués. Pour l'aorte inférieure, une partie de son sang est déversée aussi directement dans le sinus par ses branches latérales, tandis que l'autre circule d'abord dans la paire inférieure de pattes et ne tombe dans le sinus qu'au retour de ces appendices.

Ainsi alimenté par ses deux extrémités, le sinus ventral est parcouru par deux courants sanguins dirigés en sens inverse. C'est entre les deux branchies que les deux courants se rencontrent et se détruisent, produisant en ce point une stagnation relative ou plutôt une sorte d'oscillation indifférente du liquide sanguin.

Les vaisseaux afférents de tous les appendices du thorax, pattes et branchies, sont fournis par le sinus ventral, à l'exception de celui de la dernière paire de pattes, qui, ainsi que nous l'avons vu, vient directement de l'aorte inférieure.

Dans les pattes, les vaisseaux afférents (fig. 1) sont placés du côté de l'extension. Ils suivent donc le bord supérieur dans les deux premières paires de pattes, et l'inférieur dans les trois dernières paires. Chacun se continue au sommet de l'appendice avec le vaisseau efférent correspondant, qui suit le bord opposé, et communique avec lui en plusieurs points de son trajet par de petites échappées qui s'ouvrent dans les lacunes du membre.

Les branchies sont des lames ovalaires, aplaties, divisées en deux loges par une cloison incomplète, épaisse (fig. 5). L'orifice qui fait communiquer les deux loges est semi-lunaire et formé par une échancrure au sommet de la cloison (fig. 4). Cette cloison est parallèle aux faces de la lame aplatie et les soude l'une à l'autre dans la partie centrale, de manière à ne laisser que deux loges latérales, communiquant entre elles, ou mieux une sorte de large vaisseau marginal (fig. 5), sans lacunes intermédiaires. Cet appareil branchial si simple, si rudimentaire, est le siège d'un mouvement circulatoire très vif.

Vaisseaux péricardiques.

Les *vaisseaux péricardiques* (*pt*, fig.1) n'existent pour ainsi dire pas, en ce sens que leur longueur est réduite à très peu de chose par les ondulations que forme le péricarde pour se porter à la rencontre des vaisseaux efférents des appendices. Ceux des pattes ravisseuses présentent cependant une certaine longueur. Ils se jettent dans le péricarde au niveau de son bord antéro-latéral.

Ils sont au nombre de six paires seulement, puisque le vaisseau efférent de la septième paire d'appendices se jette dans le sinus, comme chez les Corophies.

Les autres Læmodipodes filiformes que nous avons étudiés et injectés présentent, avec la *Caprella acanthifera*, la plus étroite ressemblance. Nous en dirons cependant quelques mots, principalement pour signaler les particularités que présentent leurs appendices branchiaux.

CAPRELLA ACUTIFRONS (LATR.).
(Pl. X, fig. 11 et 12.)

Semblable dans les points essentiels à l'espèce précédente, cette Caprelle en diffère par quelques traits remarquables. Elle possède aussi trois paires d'ouvertures cardio-péricardiques, placées dans les deuxième, troisième et quatrième anneaux ; mais les deux premières sont très petites et infiniment moins actives que la troisième. C'est là encore un adoucissement dans la transition entre les Caprellides et les Corophiens.

La branchie (fig. 11 et 12) est beaucoup plus parfaite que celle de la *Caprella acanthifera* et se rapproche de celle de la Corophie.

Elle est formée d'une lame ovalaire aplatie, dans l'épaisseur de laquelle est creusé un vaisseau marginal. Mais l'espace entouré par ce vaisseau, au lieu d'être comblé par un tissu contenu, est ici simplement cloisonné par des lamelles qui s'étendent d'une face à l'autre de la branchie et laissent entre elles des voies étroites dans lesquelles circule le sang. Ces bandes unissantes, au nombre d'une quinzaine dans chaque branchie, sont limitées, du côté du vaisseau marginal, par un bord net et régulier (fig. 11), et partout ailleurs, par un contour onduleux. Leurs directions générales sont parallèles et forment des courbes convexes du côté du sommet de la branchie.

La plupart des bandes s'étendent sans interruption d'un côté à l'autre dans toute la largeur de la lame. Mais quelques-unes ne vont que jusque vers le milieu et sont séparées, par un espace lacunaire, de celles qui continuent leur trajet. Les lacunes ménagées entre les bandes d'adhérence sont étroites, courbes, limitées par des bords parallèles et font communiquer généralement un point de la portion afférente du vaisseau marginal avec le point symétrique de la portion efférente du même vaisseau. Elles sont, d'ailleurs, réunies çà et là par des anastomoses correspondant aux points où les bandes qui les séparent sont interrompues dans leur continuité d'un bord à l'autre.

Un simple coup d'œil jeté sur la figure 11, qui représente la branchie de face, et sur la figure 12, qui la montre de champ, sera plus instructif que toutes les descriptions.

PROTELLA PHASMA (SP. BATE).

Pl. X, fig. 9 et 10).

L'appareil circulatoire de la *Protella phasma* est absolument construit sur le même type que celui des Caprelles.

La taille relativement grande de l'animal, sa transparence, la propreté de ses téguments, le rendent bien plus favorable à l'étude que la *Caprella acanthifera*. Les valvules cardio-aortiques sont très évidentes chez la *Protella phasma*. L'anneau péricérébral existe à sa place accoutumée. Enfin, la branchie (fig. 9 et 10) est semblable à celle de la *C. acanthifera*, mais un peu plus allongée.

PROTO PEDATA (FLEMM.) ET P. GOODSIRII (SP. BATE).

(Pl. X, fig. 7 et 8, et 13.)

Les *Proto* sont identiques aux Caprelles sous le rapport de l'appareil circulatoire. On retrouve chez elles les trois paires d'orifices cardio-péricardiques, les mêmes valvules cardio-aortiques et le même anneau péricérébral. Ce dernier et la valvule aortique supérieure sont représentés (fig. 13), vus de trois quarts du côté dorsal, chez la *P. Goodsirii*.

Les branchies sont semblables à celles des Caprelles, mais plus étroites et plus allongées.

Les vaisseaux efférents des troisième et quatrième paires se réunissent à ceux des branchies correspondantes pour former un vaisseau péricardique commun. Cette anastomose est représentée dans la figure 7 chez la *Proto pedata*. On voit, à côté (fig. 8), l'extrémité de la branchie vue de champ chez la même espèce et montrant l'échancrure terminale de la cloison, par laquelle les deux loges de la branchie communiquent entre elles.

RÉSUMÉ.

Après l'étude que nous avons faite de l'appareil circulatoire des Amphipodes proprement dits, le résumé de celui des Læmodipodes filiformes peut être donné en quelques mots.

On a vu que chez les Caprellides, sauf les réductions nécessitées par l'atrophie de l'abdomen et par la disposition de ses appendices, tout est constitué comme chez les Crevettines. Nous avons rencontré une seule différence, la disparition du collier périœsophagien, mais nous avons vu que le courant sanguin qui aurait dû le constituer existe à la place ordinaire. Ce courant, il est vrai, n'est pas contenu dans des parois vasculaires, mais c'est là un fait que nous avons, rencontré même chez des Isopodes, et qui résulte de la simplification de tous les appareils chez un animal dégradé.

Un fait intéressant à faire ressortir, c'est que les Caprellides sont plus voisines des Corophies que des Talitres et que c'est par les Crevettines marcheuses qu'elles se rattachent aux Amphipodes proprement dits.

Nous avons vu, en effet, que les deux fentes cardio-aortiques supérieures, complètement disparues chez les Corophies, sont étroites et peu actives chez les Caprellides, en particulier chez la *C. acutifrons*. En outre, et c'est là un fait plus important, les membres inférieurs de l'animal reçoivent, chez les Caprelles comme chez les Corophies, leur sang de l'aorte et non du sinus ventral comme les Talitres, et ce sang, après avoir circulé dans ces appendices, retourne au sinus ventral et non au péricarde comme chez ces derniers animaux.

Sans vouloir porter un jugement sur des faits que nous n'avons pas suffisamment étudiés, il nous semble que les formes extérieures et l'ensemble de l'organisation paraissent confirmer les rapprochements que l'appareil circulatoire nous a révélés.

IV. ASELLOTES HÉTÉROPODES (TANAIDÉS).

Le lecteur s'étonnera sans doute que nous ayons rejeté à cette place, dans un chapitre spécial, la description de l'appareil circulatoire des Tanaidés. Nous ne donnerons pas ici la raison de cette apparente inconséquence, qui sera, nous l'espérons, suffisamment expliquée lorsque nous traiterons des affinités des Asellotes hétéropodes.

PARATANAIS SAVIGNYI.

(Pl. XI, fig. 1 à 8.)

Dans la caractéristique du genre *Tanais* créé par lui, M. Milne-Edwards [1] fait entrer la constitution des dernières fausses pattes, qui doivent être composées d'un appendice styliforme simple. Kröyer [2] a cependant décrit, sous le nom de *Tanais Savignyi*, une forme dans laquelle les appendices terminaux de l'abdomen sont composés de deux branches. Il nous paraît préférable d'adopter le genre *Paratanais* créé par Dana [3] pour les Tanais dont les uropodes ont deux branches. En ce cas, la *Tanais Savignyi* de Kröyer deviendra une Paratanais et le nom de *Paratanais Savignyi* lui reviendra de droit.

C'est sous ce nom que nous désignerons, dans les pages suivantes, le petit crustacé en question que nous avons pris pour type des Tanaidés et pour faire une étude approfondie de son appareil circulatoire.

Avant d'en commencer la description, nous ne pouvons nous dispenser de parler de la constitution de l'appareil respiratoire si anor-

---

[1] *Ann. des sc. nat.*, 2e série, XIII, p. 288.
[2] *Nat. Hist. Tidssk.*, IV, p. 168-181, pl. XI, fig. 1-12.
[3] *U.-S. Explor. Exp.*, p. 798.

mal de ces êtres. Bien des faits que nous allons indiquer étaient déjà connus; mais, lorsque nous faisions nos recherches, ils n'étaient pas parvenus à notre connaissance. Nous ne disons pas cela pour tirer vanité de ce que, débutant dans les sciences naturelles, nous nous sommes rencontré sur bien des points avec un zoologiste aussi justement célèbre que Fritz Müller, mais pour montrer qu'étant arrivé en face de notre sujet libre de toute idée préconçue, l'exactitude de nos résultats a reçu, de cete circonstance même, un surcroît de garantie.

Cavité branchiale.

Les Paratanais possèdent des appendices abdominaux disposés absolument comme ceux qui servent à la respiration chez les Isopodes ordinaires; ces appendices sont constamment en mouvement et déterminent un vif courant d'eau, et cependant, ils ne sont point des organes respiratoires. Pas plus que Fritz Müller (XX), je n'ai jamais pu voir un seul globule circuler dans leur intérieur. Les injections les plus pénétrantes s'arrêtent dans leur pédoncule et l'observation par transparence montre les globules arrivant dans ce pédoncule et retournant au cœur sans pénétrer dans les lames folia-cées.

Lorsqu'on observe ces dernières détachées du corps au moment où l'animal est mourant, il n'arrive que très rarement qu'on y voie des globules arrêtés. Or, c'est là, selon moi, un criterium excellent, car, dans tous les Crustacés que j'ai observés, lorsque l'animal s'affaiblit, que les battements du cœur diminuent de fréquence et d'amplitude pour s'arrêter bientôt tout à fait, les globules s'accumulent vers les extrémités, et, tandis qu'ils deviennent rares dans le cœur et dans les gros vaisseaux, on les voit arrêtés en grand nombre dans les parties mêmes où ils n'arrivent que rarement pendant la vie. Les branchies, en particulier, en sont toujours encombrées. Chez la Paratanais, au contraire, c'est à peine si les appendices abdominaux, observés dans ces circonstances, en montrent un ou deux égarés dans leurs lames foliacées. Cela prouve que ces appendices sont extérieurs au courant circulatoire. Anatomiquement, les voies peut-être restent ouvertes, mais, physiologiquement, elles sont fermées, ou si étroites qu'elles n'admettent que la partie liquide du sang ou quelques globules isolés.

Chez notre Paratanais, comme d'ailleurs chez les Tanaidés en général, ainsi que l'a montré van Beneden (XVI) dès 1861, le premier
anneau thoracique est soudé à la tête et le test commun à ces deux
segments forme une sorte de carapace peu développée, mais comparable cependant à celle des Crustacés supérieurs.

Cette carapace occupe la totalité des faces dorsale et latérales.
Sur la face antérieure elle n'est continue d'un côté à l'autre que dans
l'espace qui sépare les pattes-mâchoires des pattes ambulatoires de
la première paire. A ce niveau, elle forme une ceinture complète ;
plus haut et plus bas, elle se termine en avant par un bord libre
très irrégulièrement sinueux (fig. 2) et entaillé pour les insertions
des membres auxquels elle fournit un point d'appui. Ces appendices
sont en haut les mandibules, les mâchoires et les pattes-mâchoires,
en bas les pattes ambulatoires de la première paire. Quant aux paires
de pattes suivantes, elles appartiennent à des anneaux isolés. Nous
verrons que chez d'autres Tanaidés il n'en est pas de même.

Sur la face dorsale de l'animal (fig. 5), la carapace est en rapport
immédiat avec les organes intérieurs ; mais sur les parties latérales
elle s'écarte légèrement en dehors pour circonscrire de chaque
côté une cavité respiratoire entièrement comparable à celle des
Crustacés podophthalmes.

Cette cavité aplatie latéralement, allongée dans le sens de l'axe de
l'animal, est limitée en dehors par la carapace et en dedans par la
paroi même du corps. La membrane mince qui limite cette dernière
se réfléchit au niveau du bord postérieur de la cavité sur la portion
libre de la carapace, qu'elle double dans toute son étendue. C'est
entre cette membrane et la paroi chitineuse de la carapace qu'est
contenu l'organe de la respiration. Ainsi limitée en dedans par la
paroi du corps, en dehors par la carapace doublée d'une mince
membrane, en arrière par la réflexion de cette membrane passant
du corps à la carapace, en bas par la série continue des insertions
des appendices qu'elle soutient, terminée en avant et en arrière en
cul-de-sac, cette cavité est close partout, excepté en deux points.
Ces deux points, par lesquels elle communique avec l'eau ambiante,
sont deux orifices très petits, allongés, situés sur la ligne d'insertion
de la première patte ambulatoire avec la carapace. L'un de ces orifices (E, fig. 2) correspond à la partie inférieure de la cavité respiratoire ; il sert à l'entrée de l'eau. L'autre (S, fig. 2 et 5), situé au-dessus,

en avant et en dedans du précédent, plus petit, plus difficile à voir, occupe à peu près le milieu du bord antérieur de la cavité ; il sert à la sortie de l'eau. Ce liquide, entrant par l'orifice (E), sortant par l'orifice (S), se renouvelle donc constamment dans la cavité. Voyons maintenant quelle est la cause de ce courant.

Cette cause a été brièvement indiquée par Fritz Müller (XX et XXI), qui a reconnu qu'elle consiste dans les mouvements de deux appendices contenus dans la cavité branchiale. Il considère ces appendices comme dépendant des deux paires de mâchoires. Cette dernière assertion inexacte a été relevée en 1870 par A. Dohrn (XXVIII), qui distingue deux sortes d'appendices :

L'un formé seulement de deux poils insérés sur la première paire de mâchoires ; l'autre plus large, ensiforme, auquel il donne l'épithète de *branchial* et qui serait inséré sur la carapace même, sans dépendre d'aucun des appendices normaux de l'animal.

Pour le premier de ces appendices (fig. 8, m_1), l'opinion de Dohrn est exacte et il ne saurait y avoir de doute à cet égard. Toutes les fois qu'on arrache la première mâchoire, on l'entraîne avec elle et la continuité de l'un et de l'autre est évidente.

Pour le deuxième, la chose est plus difficile à décider. Spence Bate (XXV) croit qu'il dépend de la première patte ambulatoire, c'est-à-dire celle qui est transformée en pince. Cette opinion doit être repoussée. Jamais, lorsque la dissection est faite avec assez de soin, l'appendice ensiforme n'est entraîné lorsqu'on arrache la première patte. En outre, chez les Apseudes, la patte en question porte un appendice spécial, extérieur à la carapace, et l'appendice ensiforme n'en existe pas moins à la place ordinaire.

Lorsqu'on arrache la patte-mâchoire, on amène à sa suite, le plus ordinairement, un des appendices ensiformes ou même les deux, mais il faut avouer que la continuité entre ces deux organes n'est pas nette ou plutôt qu'elle paraît être établie par un tissu étranger à leur constitution. Je ne saurais donc décider si l'organe ensiforme dépend de la patte-mâchoire ou s'il est, comme le prétend Dohrn, inséré isolément à la face interne de la carapace. Si cette dernière opinion est vraie, les points d'insertion de l'appendice et de la patte-mâchoire doivent être presque contigus.

Quoi qu'il en soit de ces connexions, la forme et le rôle des parties qui produisent la circulation de l'eau méritent d'être décrits.

Lorsqu'on examine avec un grossissement de 40 diamètres environ une Paratanais couchée sur le côté et immobilisée entre·les lames d'un compresseur, on voit s'agiter sous la carapace, dans l'intérieur de la cavité sous-jacente, une sorte de languette longue et étroite, qui oscille autour de son point d'implantation situé dans le voisinage de l'orifice de sortie. Dans ces mouvements, l'extrémité de la languette vient lécher pour ainsi dire l'orifice d'entrée et l'on voit même parfois sortir à l'extérieur le bout des poils dont elle est garnie.

Ces mouvements sont réguliers et leur rapidité est d'environ cinquante à soixante par minute chez les individus bien vivants. Sur les échantillons suffisamment transparents, on voit en outre, sans autre préparation, le second appendice formé de poils, inséré plus haut et descendant moins bas, qui frotte et semble nettoyer la surface du premier.

Pour arriver à une connaissance exacte de ces parties, j'ai disséqué et isolé les pièces de la bouche. Ce sont elles qui sont représentées dans la figure 8. Le labre (l), les mandibules (μ) et la lèvre inférieure (l') n'offrent rien de particulier ; la première mâchoire (m_1) porte à sa base et du côté externe une languette, courte et large, taillée carrément à son extrémité, sur laquelle sont implantés quatre longs poils flexibles. C'est là le deuxième appendice dont nous avons parlé, celui qui est chargé d'un simple rôle de nettoyage.

La deuxième mâchoire (m_2) est réduite à une simple lamelle dont je n'ai compris la signification qu'après avoir lu le mémoire de M. Dohrn. Enfin les pattes-mâchoires (pm) se montrent formées d'une partie basilaire sur laquelle sont implantées de chaque côté trois lames, dont l'une est remarquable par la présence de trois poils olfactifs insérés sur son bord supérieur. En dehors et au-dessous des pattes-mâchoires se voient les deux grands appendices en forme de languettes dont nous n'avons pas osé préciser les connexions. Ces appendices ont la forme d'une bandelette contournée en forme d'S et garnie à son extrémité de poils courts.

Pour arriver à préciser le rôle des deux sortes d'appendices contenus dans la cavité respiratoire, j'ai fait la petite expérience usitée en pareil cas. Elle consiste à mettre du carmin finement précipité dans l'eau qui baigne l'animal. On voit bientôt les granulations rouges, appelées par le mouvement des fausses branchies abdominales, arriver de tous côtés vers l'animal, passer entre ses pattes et s'élancer vivement de bas en haut le long de sa face ventrale. Elles arrivent ainsi dans le voisinage de l'orifice inférieur de la cavité respiratoire, mais n'y pénétreraient pas sans l'intervention de l'appendice spécial qu'elle contient. Celui-ci (c'est l'appendice en forme de languette qui est seul en jeu), se posant sur l'orifice, le ferme momentanément, puis, se reculant brusquement, produit une tendance au vide aussitôt satisfaite par l'entrée de l'eau dans la cavité.

Les divers temps de l'opération sont rendus manifestes par les granulations de carmin.

Ces particules s'accumulent d'abord dans la cavité respiratoire; mais bientôt elles en sortent, irrégulièrement entraînées par le courant d'eau. Nous pouvons conclure de là qu'aucun organe ne détermine activement la sortie de l'eau, qui s'effectue simplement par la *vis à tergo* exercée par le liquide qui entre continuellement.

Tels sont les faits. Jusqu'ici, rien ne prouve positivement que la cavité de la carapace contienne un organe respiratoire. Il y en a un cependant, mais c'est l'étude de la circulation qui pourra seule nous en donner la preuve; aussi allons-nous maintenant décrire l'appareil circulatoire d'une manière méthodique, comme nous avons toujours fait, en commençant par le cœur.

Cœur et péricarde.

Le *cœur* (fig. 1) est absolument celui d'un Amphipode. C'est un organe allongé, vasculiforme, qui règne dans toute la longueur du thorax, sans émettre d'autres vaisseaux que les aortes qui naissent de ses extrémités. Tous les auteurs ont constaté ces faits, mais sans donner de détails.

Il commence dans la tête, presque au contact de la ligne qui la sépare du thorax. Mais il faut remarquer que, le premier anneau thoracique étant soudé avec la tête, c'est en réalité dans ce premier anneau non individualisé que commence le cœur. Son extrémité inférieure se trouve dans la partie supérieure du septième anneau.

La continuité de ses parois est interrompue par quatre orifices elliptiques formant deux paires, qui occupent la partie moyenne du troisième et du quatrième anneau (l'anneau soudé à la tête étant compté comme le premier). Fritz Müller (XX) indique une troisième paire d'orifices dans le deuxième anneau. Peut-être en est-il ainsi dans le *Tanais dubius* qu'il a observé. Chez notre Paratanais, nous

avons constamment trouvé deux paires d'orifices et jamais plus. (
orifices cardio-péricardiques ont la forme de fentes dirigées par
lèlement aux fibres du cœur, c'est-à-dire obliquement en haut e
droite, et paraissent formés au premier abord par un simple éc
tement des fibres musculaires. Leur constitution est cependant mo
simple et se complique, comme d'ordinaire, de deux replis memb
neux très minces insérés par un bord sur une des lèvres de l'orifi
flottants dans le reste de leur étendue, et jouant le rôle d'une v
vule à deux lèvres.

Le cœur est maintenu dans sa position par les aortes et par
bandelettes qui se détachent de ses parois pour s'insérer aux part
voisines.

Il est renfermé dans un *péricarde* qui commence au même nive
que lui en haut, mais qui vers le bas dépasse ses limites et s'éte
jusqu'au telson. Presque aussi large que le corps même dans
partie supérieure, il se rétrécit peu à peu vers le bas jusqu'à n'av
plus que le tiers de la largeur des anneaux. Il se termine en poi
mousse à la partie inférieure du cinquième anneau abdominal.
cœur est contenu dans son intérieur et les aortes le traversent p
se rendre à leurs destinations respectives.

Aortes inférieures.

A son extrémité inférieure, le cœur donne naissance à deux aor
qui descendent en divergeant dans l'abdomen (*ai*, fig. 1). Deux v
vules sont placées à l'origine de ces artères pour empêcher le ref
du sang vers le cœur pendant la diastole. Ces valvules sont c
struites sur le type ordinaire des valvules cardio-aortiques.

Les aortes, avons-nous dit, descendent d'abord en diverge
et forment avec le cœur une sorte d'Y renversé; mais bien
elles deviennent parallèles et descendent verticalement, à égale d
tance de la paroi du péricarde et du bord correspondant de l'ab
men. Elles forment une série de sinuosités peu accentuées dont
concavités tournées en dehors correspondent aux parties moyen
des anneaux. Arrivées dans le telson, elles perdent leurs parois
déversent le sang qu'elles conduisent, à plein canal dans la ca
veineuse. Sur leurs parties latérales, elles émettent chacune c
petits troncs (*ab*, fig. 1 et 4) qui se portent en bas et en dehors v
les branchies. Nous verrons plus tard comment ils s'y comporte

L'*aorte supérieure* (*as*, fig. 1) est simple et médiane. Elle est munie à son origine d'une valvule bilabiée. Elle débute par un rétrécissement brusque, auquel succède une partie fusiforme allongée correspondant à la partie moyenne du céphalothorax ; puis elle se renfle en une ampoule située au-dessous du cerveau, sorte de carrefour d'où partent de nombreuses ramifications. De la portion fusiforme naissent trois paires d'artères latérales (*d*, fig. 1) qui se portent transversalement en dehors vers l'organe de la respiration ou *branchie céphalique* (B *c*).

De la dilatation ampulliforme naissent six artères dont quatre formant deux paires latérales, tandis que les deux autres, véritable prolongement de l'aorte, situées dans un même plan vertical médian antéro-postérieur, forment, autour des ganglions cérébroïdes, un anneau vasculaire péricérébral (*cc*, fig. 3) tout à fait comparable à celui que nous avons décrit chez les Amphipodes et chez les Læmodipodes. La branche superficielle de cet anneau passe en arrière du cerveau, arrive entre les grandes antennes, leur fournit à chacune un rameau, se comporte de même entre les antennes de la seconde paire, et finalement se termine dans le labre en s'ouvrant dans les lacunes de la région. La branche profonde passe en arrière de l'œsophage et dans le collier nerveux périœsophagien et se jette dans la précédente sans fournir de branches.

Des deux paires de branches latérales nées de la dilatation aortique, la plus élevée, qui est aussi la plus petite, se porte d'abord en haut et en dehors (*e*, fig. 1 et 2), puis se recourbe vers le bas et, chose remarquable, s'anastomose avec le vaisseau veineux (*r*) qui ramène le sang des antennes et se jette dans la branchie céphalique.

Enfin la paire inférieure (*g*, fig. 1, 2 et 3) est formée de deux artères très volumineuses qui se portent en dehors, plongent dans la profondeur des tissus, contournent l'œsophage et, se réunissant au-dessous de lui, forment un *collier vasculaire périœsophagien* (*cœ*) lâche comme est en général celui des Amphipodes

De ce collier naissent des branches pour toutes les pièces de la bouche, y compris la lèvre inférieure.

Telles sont les artères dont je puis affirmer l'existence ; mais je dois ajouter que deux fois, en disséquant des individus très finement injectés, j'ai cru voir un vaisseau pair assez volumineux se détacher du collier périœsophagien et se porter en bas dans la direction des pattes-mâchoires. Ces vaisseaux m'ont paru se déverser à plein canal dans le sinus ventral. Cela expliquerait comment ce sinus peut être aussi largement alimenté qu'il l'est, ne recevant d'autre part à sa partie supérieure que le sang déversé par la terminaison de l'aorte et une partie de celui qui revient des pattes-mâchoires.

Branchie céphalique et circulation branchiale.

Le sang veineux qui revient des appendices de la bouche ne se jette pas en effet ici, comme d'ordinaire, dans le sinus ventral ; il se rend, comme celui des antennes, à la branchie céphalique et, de là, directement au péricarde.

Les vaisseaux afférents de cette branchie ont des origines multiples. Les uns sont purement artériels, les autres sont veineux, d'autres enfin sont mixtes.

Nous avons vu que l'aorte, avant d'arriver à la dilatation ampulliforme qu'elle forme au-dessous du cerveau (fig. 1 et 2), émet, de chaque côté, trois fines branches (*d*) qui se rendent à la branchie. De ce même renflement de l'aorte part, de chaque côté, un rameau latéral (*e*) qui se porte en dehors, puis se recourbe en bas, reçoit, par une exception unique, l'anastomose d'un vaisseau veineux (*f*) formé par la réunion de deux veines antennaires du même côté et se jette dans la branchie dans laquelle il déverse le sang mixte qu'il contient. Enfin la branchie céphalique reçoit par son bord inférieur le sang qui a circulé dans les appendices de la bouche et qui est purement veineux. Mais il y a une distinction à faire à cet égard. Le sang qui revient des mandibules et des mâchoires se jette intégralement dans la branchie (fig. 2) ; mais celui qui provient des pattes mâchoires se divise à la base de ces organes en deux colonnes, l'une qui se rend à la branchie, l'autre qui se jette dans le sinus ventral.

Quant à la structure de la branchie elle-même, elle est des plus simples. Elle rappelle, non point précisément celle des branchies ordinaires, formées par un sac purement membraneux, ni celle des épimères des Amphipodes, dont les deux faces sont épaisses et chitineuses, mais plutôt celle du telson des Cymothoadiens, qui est formé d'une lame chitineuse épaisse et résistante doublée d'une membrane mince. La lame chitineuse est représentée par la portion latérale de la carapace et la membrane mince est celle qui tapisse toute la chambre branchiale. Cette membrane double la portion réfléchie de la carapace sans lui adhérer et c'est dans l'espace interposé que se trouve réalisée une disposition qui transforme cet organe en branchie. La membrane mince est en effet réunie à la carapace par de petits amas de substance compacte, arrondis, très régulièrement disposés en quinconce et séparés par des espaces vides à peu près égaux à leur diamètre[1]. Les espaces vides communiquent tous entre eux et forment un système de lacunes ou plutôt de voies tortueuses que les globules doivent parcourir pour traverser la branchie. Celle-ci se termine en bas en s'abouchant avec un vaisseau court et large (*l*, fig. 1, 2, 3) qui conduit au péricarde.

La physiologie de cet organe est facile à comprendre. Les globules qui l'abordent sont tous plus ou moins chargés d'acide carbonique, car le sang des artères lui-même n'est pas complètement pur sous ce rapport ; en le traversant, ils cheminent, pendant un temps que la disposition intérieure de l'organe contribue à rendre plus long, entre deux lames, dont l'une mince et perméable les sépare d'une couche d'eau constamment renouvelée ; toutes les conditions se trouvent donc réunies pour qu'ils puissent échanger leur acide carbonique contre l'oxygène dissous dans l'eau, et la réunion même de ces conditions, produites par un appareil qui ne laisse pas que d'être fort compliqué, est une preuve des fonctions de l'organe.

Sinus ventral.

Tout le long de la face antérieure de l'animal règne un grand *sinus artériel ventral* (*s*, fig. 6 et 7) entièrement semblable à celui des Amphipodes. Ce sinus est alimenté à son extrémité supérieure d'abord par le sang que déverse l'aorte céphalique à sa terminaison, ensuite par cette portion du sang veineux des pattes-mâchoires qui ne se rend pas à la branchie céphalique, enfin, peut-être, par le courant même de cette branche artérielle que nous avons vue deux fois naître du collier œsophagien et au sujet de laquelle

---

[1] La figure 2 représente l'aspect de la branchie injectée et vue de profil. Nous avons obtenu sur notre Paratanais, dont la taille ne dépasse pas 3 millimètres de long sur 1 demi-millimètre de large, des injections qui montrent la branchie avec autant de netteté que sur notre dessin. Il est inutile d'ajouter que les couleurs que nous avons employées sont tout à fait conventionnelles et sont destinées à montrer la modification que subit le sang en traversant la branchie.

nous avons dû faire des réserves. Remarquons en passant qu'il nous semble difficile que le courant si vif qui descend dans le sinus ventral provienne des seules sources dont nous avons positivement reconnu l'existence.

En descendant le long du thorax, le sinus ventral fournit aux pattes thoraciques un vaisseau afférent qui ne s'individualise qu'au niveau de la racine du membre. Ce vaisseau suit le bord inférieur de l'appendice dans les quatre premières paires et le bord supérieur dans les trois dernières.

Arrivé dans l'abdomen, le courant ventral, continuant son trajet descendant, fournit un vaisseau afférent à chaque fausse branchie et se termine dans la cavité du telson, où se jettent aussi les aortes inférieures à leur terminaison. Le sang réuni dans ce point suit un court trajet rétrograde et se réunit presque entièrement à celui de la dernière paire de branchies.

Pendant son trajet dans l'abdomen, le sinus ventral fournit à chaque fausse branchie un court vaisseau afférent qui s'anastomose avec la branche correspondante (*ab*) de l'aorte inférieure et se rend à l'appendice abdominal. Mais ce vaisseau ne pénètre pas dans les lames foliacées de l'appendice, et les globules, après une courte excursion dans le pédoncule, reprennent immédiatement la voie du vaisseau efférent (*bp*) pour retourner au péricarde.

Aucun vaisseau ni aucun courant sanguin ne parcourent les appendices du sixième article de l'abdomen.

Vaisseaux péricardiques.

Les vaisseaux afférents du péricarde sont plus nombreux que chez les Amphipódes.

Dans le céphalothorax, il en existe deux paires, l'une venant de la branchie céphalique (*l*, fig. 1 et 2), l'autre venant de la pince. Cette dernière ne se jette ordinairement dans le péricarde qu'au niveau du deuxième article du thorax.

Dans le thorax on en compte dix à douze paires: les unes, au nombre de six, constantes, sont celles qui ramènent le sang des pattes (*pt*, fig. 1) ; les autres, variables, au nombre d'une paire par anneau en général (*pt'*, fig. 1), font communiquer directement le péricarde avec le sinus ventral. Tous les vaisseaux péricardiques du thorax sont d'autant plus longs qu'ils sont plus inférieurs, car à ce niveau le péricarde est plus étroit, et sont munis de parois propres qui, sur les plus longs, sont très évidentes.

Enfin dans l'abdomen le péricarde, devenu plus étroit encore (p, fig. 1 et 4), reçoit dans chaque anneau une paire de vaisseaux (bp) qui représentent anatomiquement, sinon physiologiquement, les vaisseaux branchio-péricardiques des Isopodes normaux.

Avant d'entrer dans les considérations générales auxquelles le très intéressant animal dont nous avons étudié la circulation, peut donner lieu, disons quelques mots des autres représentants du groupe des Tanaidés.

Les représentants de cette famille que nous avons pu étudier à Roscoff sont *Tanais vittatus* (LILLJEB.), *T. species* voisine de *T. Dulongii* (M. EDW.), *Leptochelia species*, voisine de *L. Edwarsii* (KRÖYER), *Apseudes Latreillii* (SP. BATE) et *Apseudes talpa* (LEACH.).

TANAIS VITTATUS (LILL.).

Chez cette Tanais, le cœur, qui occupe le thorax, n'est percé que d'une seule paire de fentes cardio-péricardiques, placées dans le quatrième anneau.

Chez l'autre espèce de Tanais, le cœur bat encore dans le thorax, mais nous n'avons pas compté les fentes latérales.

Nous ne dirons rien des Leptochelies, dont nous nous sommes fort peu occupé.

APSEUDES LATREILLII (SP. BATE).

(Pl. XI, fig. 9 et 10.)

Chez les Apseudes, le céphalothorax est formé par la soudure de deux segments du thorax avec la tête. Les limites de ces deux segments sont marquées sur la carapace par un sillon superficiel.

Sous cette carapace se trouve une cavité branchiale plus spacieuse que celle de la Paratanais, dans laquelle des appendices en mouvement déterminent un vif courant d'eau. Mais il y a ici quelque chose

10

de plus, qui n'a pas encore, que je sache, été signalé, et qui cependant est bien digne d'attirer l'attention.

La cavité branchiale est, comme d'ordinaire, percée de deux ouvertures. L'orifice de sortie est placé au-dessus de la première patte transformée en pince ; l'orifice d'entrée est plus bas, au-dessous de cette même patte, et par conséquent au-dessus de la suivante. Or, si l'on examine avec un faible grossissement un Apseude immobilisé, sans être gêné, entre les lames d'un compresseur, et placé sur le dos, on aperçoit au-devant de chacun de ces orifices une sorte de petit appareil qui vibre avec une surprenante rapidité. Le mouvement a lieu de droite à gauche, autour d'un axe parallèle à celui de l'animal, passant au-devant des orifices, à une petite distance d'eux.

La vitesse du mouvement est telle, que les organes qui en sont animés ne peuvent être vus distinctement pendant la vie de l'animal. On peut seulement constater qu'ils sont insérés chacun sur l'une des deux premières pattes, tout près de leur base.

Mais lorsque l'animal est mort, et surtout lorsqu'on examine les deux pattes en question, après les avoir arrachées, on voit qu'elles portent chacune, sur leur article basilaire, un petit appendice gros et court formé de deux ou trois articles dont le dernier est garni de longues soies plumeuses. Les figures 9 et 10 de la planche XI représentent ces appendices avec un fragment de la patte qui les porte. Celui de la première patte (fig. 9) qui vibre au-devant de l'orifice de sortie est porté par une tige cylindrique grêle que surmonte un article gros et court couronné d'un cercle de cinq longs poils plumeux. Celui de la deuxième patte (fig. 10), qui se meut au-devant de l'orifice d'entrée, est formé d'un article principal allongé et cylindrique, intermédiaire à deux autres plus courts dont l'un sert de base d'insertion, tandis que l'autre est garni de quatre longs poils plumeux.

Le jeu de ces appendices a très probablement pour effet de contribuer à la circulation de l'eau dans la cavité branchiale. Comment se fait-il que l'un puisse favoriser l'entrée du liquide et l'autre la sortie ? Nous l'ignorons. Il est possible que cela tienne à quelque particularité très difficile à analyser dans la nature du mouvement, comparable peut-être à celle qui fait que les cils vibratiles chassent dans un sens déterminé les particules qui reposent sur eux.

Arrivons maintenant aux considérations générales que suscitent les études que nous venons de faire. Disons tout de suite que nous avons donné dans nos descriptions une place à part aux Edriopthalmes de la famille des *Tanaïdés*, pour bien montrer que nous les considérons comme très différents des Isopodes ordinaires. Ils en diffèrent, selon nous, autant et plus les Læmodipodes des Amphipodes et méritent une place très distincte dans les classifications.

Mais quelle doit être cette place ?

Les affinités des Asellotes hétéropodes, ont été beaucoup discutées.
Les anciens auteurs les rattachaient aux Amphipodes et M. Milne-Edwards, bien que les décrivant avec les Isopodes, fait remarquer « qu'ils établissent à certains égards le passage entre les Isopodes ordinaires et les Amphipodes (surtout les Corophiens) [1] ».

Van Beneden (XVI) le premier, en 1861, émit l'idée que le genre Tanais rappelait les Décapodes par sa carapace et par sa première paire de pattes transformée en pince, et devait prendre place dans les classifications systématiques à côté des *Cuma* et des *Mysis*.

Ses observations ont été confirmées par Fritz Müller (XX), en 1864, et par Spence Bate (XXV) en 1868. Ce dernier semble accepter ses conclusions, mais le premier, après avoir constaté les affinités des Tanais adultes avec les Amphipodes et avec les Podophthalmes, conclut de leur mode de développement que ces êtres sont de vrais Isopodes et que leur ressemblance avec les formes des autres groupes est un fait secondaire sans valeur.

En demandant à l'embryogénie quelle place doit occuper dans la série animale un être dont les affinités sont douteuses, Fritz Müller a suivi la marche vraiment scientifique.

Le principe qui l'a guidé, principe indiqué déjà par Darwin dans son livre sur l'*Origine des espèces*, est inattaquable si l'on admet le point de départ des partisans de la théorie transformiste. On pourrait la formuler en ces termes :

Si deux animaux, aussi semblables que l'on voudra à l'état adulte, ont dans leur embryogénie des différences fondamentales, leurs ressemblances ont été certainement produites par le hasard des adaptations successives de leurs ancêtres respectifs à des conditions bio-

---

[1] *Hist. nat. des Crustacés*, III, p. 137.

logiques spéciales , et ne sont nullement l'indice d'une parenté quelconque ; et ces deux êtres ne devront pas être plus voisins dans une classification généalogique que s'ils ne se ressemblaient pas.

Mais la question, dans le cas particulier qui nous occupe, est de savoir si véritablement il existe entre le développement des Tanais et celui des Crustacés podophthalmes de ces différences fondamentales.

Fritz Müller éloigne les Podophthalmes des Tanais, parce que celles-ci, à leur naissance, ne possèdent pas leurs membres abdominaux. Mais Dohrn, qui a étudié le développement des Cumacés [1] et celui des Asellotes hétéropodes, déclare que « le développement des Tanais présente une ressemblance avec celui des *Asellus*, *Oniscus* et *Cuma*, mais que, à vrai dire, il diffère en nombre de points importants de tous les autres types de développement et constitue un type spécial ». Pour lui, l'appendice branchial des Tanais est l'homologue, de par l'embryogénie, de celui des Cumacés.

Claus [2] admet que chez les Cumacés, « le développement de l'embryon présente la plus grande analogie avec celui des Isopodes ».

Enfin Gegenbaur [3] allant peut-être un peu trop loin dans cet ordre d'idées, place les Tanais parmi les Podophthalmes et les Cumacés parmi les Edriophthalmes.

Si nous rappelons ces faits, ce n'est pas pour en tirer une conclusion sur l'embryogénie des Asellotes hétéropodes, question tout à fait étrangère à notre sujet. Mais, en présence des contestations dont leur développement est l'objet, nous pensons qu'on ne saurait faire intervenir sans imprudence la notion embryogénique dans la discussion de leurs affinités ; et, dans cet état de choses, il nous semble légitime de les classer d'après les faits précis que nous connaissons sur leur organisation à l'état adulte.

Ces faits peuvent être ainsi résumés : Les Tanais se rapprochent :

1° Des Isopodes,

Par la forme générale de leur corps ;

---

[1] *Ueber den Bau und die Entwicklung der Cumaceen. Jenaische naturw. Zeitschr.,* Bd. V, 1870.

[2] *Traité de zoologie,* trad. franç., Moquin-Tandon, 1873, p. 478.

[3] *Manuel d'anat. comp.,* trad. C. Vogt. 1874, p. x.

Par l'uniformité de leurs appendices abdominaux au nombre de cinq paires en général et formés chacun d'un pédoncule portant deux lames foliacées ;

Par leurs deux aortes abdominales ;

Par la partie inférieure de leur péricarde.

2ᵉ Des Amphipodes,

Par tous les caractères tirés de l'appareil circulatoire, à l'exception des deux qui viennent d'être cités, c'est-à-dire :

Par la forme et la position du cœur ;

Par l'absence d'artères nées du cœur à l'exception des aortes ;

Par le petit nombre des ramifications artérielles ;

Par le sinus ventral artériel et non veineux ;

Par les vaisseaux péricardiques ;

Par le collier vasculaire périœsophagien lâche, ne donnant pas naissance à un vaisseau ventral médian; enfin elles s'en rapportent surtout :

Par l'anneau vasculaire périeérébral caractéristique des Amphipodes.

3º Des Décapodes,

Par leur céphalothorax formé par la soudure avec la tête de 1 (*Tanais*) ou 2 (*Apseudes*) des anneaux du thorax ;

Par leurs yeux non mobiles, mais articulés avec la tête ;

Par leurs organes auditifs ;

Par leur cavité branchiale absolument semblable à celle des Crabes par exemple et surtout des Cumacés ;

Par le courant d'eau qui traverse cette cavité, dans le même sens que chez les Décapodes ;

Par les appendices de la bouche dont certaines dépendances, libres dans la cavité branchiale, servent à produire ce courant ;

Par la transformation en pince de la première patte ambulatoire ;

Par le situation de la branchie;

Par la présence chez les Apseudes, sur les pattes des première et deuxième paires, d'appendices mis au service de la fonction respiratoire, en sorte qu'il ne reste plus, chez eux, que cinq paires de pattes qui soient exclusivement ambulatoires; enfin,

Par les appendices de l'abdomen, qui, ayant perdu leurs fonctions respiratoires, deviennent absolument analogues, tant par les fonctions que par les rapports, aux fausses pattes abdominales des Macroures.

En présence de ces faits, il nous semble difficile de ne pas reconnaître que les Asellotes hétéropodes sont plus Amphipodes qu'Isopodes et autant Podophthalmes qu'Edriophthalmes. Ils n'appartiennent complètement à aucun de ces groupes et se rattachent un peu à tous : aux Podophthalmes par les Cumacés, aux Amphipodes par les Corophiens et aux Isopodes probablement par la famille des Anthuridés.

Des affinités aussi complexes sont difficiles à exprimer et à mettre en évidence dans les tableaux de classification ; et cependant une classification vraiment naturelle ne saurait omettre de les représenter. C'est pour satisfaire à ces exigences que nous proposons la représentation graphique suivante, dans laquelle nous n'entendons nullement indiquer une généalogie que l'embryogénie n'a pas encore fixée, mais qui nous paraît commode pour figurer les affinités réciproques des êtres dont nous parlons :

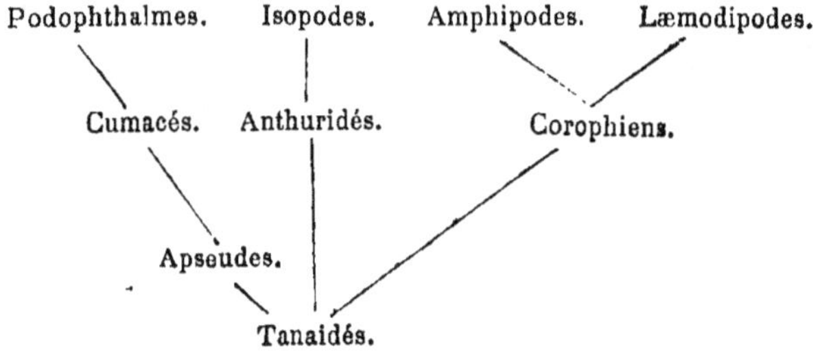

Il serait inutile de résumer encore ici, sous forme de conclusion générale, les principaux traits de la circulation des Edriophthalmes. Des résumés partiels ont été donnés à la fin des chapitres relatifs aux Isopodes et aux Amphipodes, et, dans un article spécial, les rapprochements que leur comparaison pouvait suggérer ont été discutés.

Nous préférons nous arrêter un instant sur la signification des singuliers rapports que l'appareil circulatoire affecte dans certains points avec les systèmes nerveux et digestif. On comprend que nous faisons allusion aux anneaux vasculaires péricérébral et périœsophagien et à l'artère prénervienne qui nous paraissent assez remarquables et assez constants pour être mentionnés dans la caractéristique des Isopodes et des Amphipodes au même titre que la position des organes respiratoires.

Dans leurs remarquables travaux sur les Arthropodes, MM. Blanchard et Alph. Milne-Edwards ont rencontré des faits analogues.

Chez les Arachnides[1], l'aorte émet deux branches qui forment autour du tube digestif un collier vasculaire ; mais ce collier (dans la position verticale où nous plaçons l'animal) est situé au-dessous du collier nerveux et l'artère récurrente, *spinale*, qui s'en détache, est accolée à la face postérieure de la chaîne ganglionnaire.

Chez les Limules[2], le collier nerveux périœsophagien est contenu dans l'intérieur même de l'anneau vasculaire, et la chaîne ganglionnaire est placée également au centre d'une artère récurrente qui est l'homologue de l'artère spinale des Scorpions.

Or, il résulte des recherches que nous avons faites que, chez les Crustacés isopodes, le collier périœsophagien vasculaire et l'artère prénervienne sont situés non en arrière, ni à l'entour, mais en avant des centres nerveux, entre eux et les téguments.

Ces rapports si constants et si nets sont-ils l'indice d'une différence essentielle dans le plan d'organisation de ces divers types d'Arthropodes ? Nous ne le pensons pas. Ainsi que le fait remarquer M. Alph. Milne-Edwards, toute la différence entre la Limule et le Scorpion provient de ce que les cellules primitivement indifférentes qui, par leur soudure, se sont constituées en membrane pour former des vaisseaux ont endigué chez la première la totalité du courant sanguin qui baigne les centres nerveux ; tandis que, chez les Scorpions, elles n'ont isolé de la sorte qu'une partie de ce même courant. Chez les Isopodes, il en est de même, mais les cellules vasculaires ont opéré leur réunion en avant et non en arrière du système nerveux.

M. Alph. Milne-Edwards conclut avec raison du rapport des vaisseaux avec le système nerveux chez les Limules que celui-ci a dû se développer avant ceux-là. Cette assertion peut s'étendre aux Edriophthalmes. Chez tous ces Crustacés, les artères se dédoublent chaque fois qu'elles croisent le tube digestif ou le système nerveux pour les contourner et former autour d'eux un anneau, sans que jamais l'inverse ait lieu. Or, on peut, se basant sur ce fait et sans attendre le contrôle des recherches embryogéniques, affirmer que le tube digestif et le système nerveux central se sont formés chez l'embryon avant les portions périphériques des organes de la circulation.

---

[1] BLANCHARD, *l'Organisation du règne animal. Arachnides.* Paris, 1853-1864.

[2] Alph. MILNE-EDWARDS, Anatomie des Limules, *Ann. des sc. nat.*, 5ᵉ série, t. XVII, 1872-1873.

CATALOGUE

DES CRUSTACÉS ÉDRIOPHTHALMES ET PODOPHTHALMES

QUI HABITENT LES PLAGES DE ROSCOFF.

La liste de Crustacés que nous publions ici en appendice, comprend les espèces que nous avons recueillies à Roscoff pendant les deux saisons qu'ont duré nos recherches sur l'appareil circulatoire des Edriophthalmes.

Nous n'avons aucunement la prétention de présenter une liste complète. Nous croyons même qu'il ne serait pas difficile de trouver, surtout parmi les Amphipodes, de nombreuses espèces qui nous ont échappé. On ne saurait demander plus de précision à un travail tout accessoire. Nous n'avons jamais consacré notre temps à la recherche attentive des espèces ; nous nous sommes contenté de recueillir et de déterminer celles que nous rencontrions, presque par hasard, ou celles que les matelots du laboratoire nous apportaient.

Nos déterminations ont été faites, pour les Edriophthalmes, dans l'*Histoire naturelle des Crustacés*, de Milne-Edwards, et dans le précieux livre de MM. Spence Bate et Westwood : *A History of the British sessile-eyed Crustacea* ; et, pour les Podophthalmes, dans le livre de M. Milne-Edwards et dans celui de M. Bell : *A History of the British stalk-eyed Crustacea.*

Si l'on jette un coup d'œil sur l'ensemble de notre liste, on verra que nous sommes arrivé, pour les Edriophthalmes et les Podophthalmes seulement, à un nombre total de cent dix-neuf espèces appartenant à quatre-vingt-deux genres et ainsi réparties :

		Genres.	Espèces.
Edriophthalmes.	Isopodes.	26	38
	Amphipodes.	19	24
	Læmodipodes.	3	8
	Total.......	48	70
Podophthalmes...............		34	49
	Total.......	82	119

Le zoologiste habitué à ce genre de recherches ne manquera pas d'être frappé de la richesse merveilleuse d'une localité qui a pu fournir à une investigation aussi peu minutieuse que la notre, et sur l'espace de quelques kilomètres de côte, des nombres tels que ceux qu'on vient de lire.

Ajoutons enfin, que les formes dont nous avons pu déterminer seulement le genre, appartiennent à des espèces étrangères aux ouvrages dans lesquels nous avons fait nos déterminations, mais qui ont pu être décrites ailleurs. Nous laissons à d'autres le soin de déterminer quelles sont les espèces vraiment nouvelles parmi celles que nous avons désignées sous la rubrique habituelle « species ».

LÆMODIPODES.

Caprella tuberculata, Guérin.	*Per-rec'hier*, sur les plantes marines.
Caprella linearis, M.-Edw.	*Peraridic*, sur les *Grantia*.
Caprella lobata [1], Guérin.	Grands fonds, sur des Hydraires.
Caprella acanthifera, Leach.	Herbiers.
Caprella acutifrons, Latr.	*Per-rec'hier*, sur des Plumulaires.
Protella phasma, Sp. Bate.	*Per-rec'hier*, sur des Plumulaires, et Herbiers.
Proto Goodsirii, Sp. Bate.	Herbiers.
Proto pedata, Flemm.	*Per-rec'hier*, sur des Plumulaires.

AMPHIPODES.

Hypérines.

Lestrigonus, spec. [2].	Dans une Pélagie.
Lestrigonus, spec. [3].	Dans la même Pélagie que le précédent.
Hyperia Latreillii, M.-Edw.	Dans la même Pélagie que le précédent.

Crevettines.

Chelura terebrans, Philip.	Dans un morceau de bois d'épave.
Corophium longicorne, Latr.	Dans la vase du port de *Roscoff*.
Amphithoe, spec. [4].	Herbiers.
Cyrtophium, spec. [5].	Herbiers.
Gammarus affinis, M.-Edw.	Herbiers.
Gammarus locusta, Fabr.	Herbiers.
Eurystheus erythrophthalmus, Sp. Bate.	Herbiers.
Mœra grossimana, Leach.	Herbiers.

[1] Cette Caprelle me paraît être la *C. linearis* adulte ou vieille. Les femelles âgées ressemblent autant aux femelles de *C. linearis* qu'aux mâles de leur espèce. Ces femelles n'ont pas été vues par Sp. Bate et Westwood.

[2] Ce Lestrigon se rapproche de *L. exulans* (Kröyer); mais il en diffère par les antennes supérieures, qui sont plus courtes que les inférieures, et par le bord inférieur de la main et du doigt mobile, qui ne sont pas dentés, pas plus que les appendices abdominaux des trois dernières paires.

[3] Ce Lestrigon se rapproche de *L. Kinahani* (Sp. Bate), mais il en diffère par des caractères analogues à ceux qui séparent le précédent de *L. exulans*. Les antennes supérieures sont plus courtes que les inférieures et les appendices des trois derniers anneaux de l'abdomen sont lisses.

[4] Cette espèce n'est peut-être que *A. rubricata* (Leach). Mais elle en diffère, même à l'âge adulte, par sa couleur, qui reste presque entièrement verte, parsemée de points noirs, et par le sixième article de la deuxième patte thoracique, dont le bord antérieur n'est pas continu avec le postérieur, mais forme avec lui un angle très net quoique un peu obtus. La couleur est celle de *A. littorina* (Sp. Bate), mais les antennes sont absolument différentes.

[5] Ce *Cyrtophium* se rapproche de *C. Darwinii* (Sp. Bate), dont il diffère par le flagellum de l'antenne inférieure, qui est composé de trois articles subégaux et d'un très petit article terminal, et par la présence sur l'antenne supérieure d'un filet accessoire qui n'est ni décrit ni figuré dans le dessin, d'ailleurs incomplet, des auteurs anglais.

Melita palmata, Leach.	Herbiers.
Gammarella, spec. [1].	Herbiers.
Leucothoe articulosa, Leach.	Herbiers.
Pherusa bicuspis, M.-Edw.	Herbiers.
Iphimedia obesa, Rathke.	Herbiers.
Iscœa Montagui, M.-Edw.	Sur les *Maia squinado*, près de la fente de sortie de la chambre branchiale.
Anonyx Edwarsii, Kröyer.	*Rolea.*
Anonyx, spec. [2].	En grand nombre, en compagnie de *Conilera cylindracea*, dans la carapace d'un Tourteau mort.
Montagua monoculoides, Sp. Bate.	Herbiers.
Orchestia mediterranea, Costa.	Grèves de sable sous les pierres.
Orchestia littorea, Leach.	Rapportée du large.
Talitrus Beaucoudrayi, M.-Edw.	Grèves de sable et rapportés du large.
Talitrus locusta, Latr.	Grèves de sable.

ISOPODES.

Apseudes Latreillii, Sp. Bate.	Grèves de sable sous les pierres.
Apseudes talpa, Leach [3].	Plantes marines.
Leptochelia, spec. [4].	*Peraridic*, dans les *Grantia*.
Paratanais Savignyi, Mihi [5].	*Peraridic*, dans les *Grantia*, en compagnie du précédent.
Tanais, spec. [6].	Herbiers.
Tanais vittatus, Lilljeb.	*Peradiric*, dans les *Grantia*.

[1] Cette *Gammarella* n'est peut-être que *G. brevicaudata*; mais le fouet de ses petites antennes est aussi long que le pédoncule. La femelle a la deuxième patte thoracique égale à la première.

[2] Cette espèce se rapproche par de nombreux caractères de *A. denticulatus* (Sp. Bate), mais ne possède pas la dent caractéristique sur le troisième anneau abdominal. Yeux rouges. Quelques individus, semblables aux autres pour le reste, ont les antennes inférieures plus courtes et semblent se rapprocher de *A. minutus* (Kröyer). Mais le filet accessoire des petites antennes n'a que trois articles comme chez *A. denticulatus*.

[3] Il existe deux formes, l'une pâle, peu velue, ayant la dent bien marquée au doigt de la première patte; l'autre, qui vit à un niveau plus élevé, est plus foncée, plus velue, a la dent du doigt de la première patte moins marquée; un individu possède des vésicules branchiales sous le thorax, comme cela arrive à beaucoup d'Isopodes à titre de variété individuelle.

[4] Cette *Leptochelia* se rapproche de *L. Edwarsii* (Kröyer), mais elle a les appendices du sixième article à deux branches. La deuxième branche est représentée par un tout petit article fixé sur le sommet du premier article de la branche principale, à côté du deuxième. Comme la petite branche est très petite, il se pourrait qu'elle ait échappé à Kröyer. S'il n'en est pas ainsi, il y aurait lieu de créer là une division générique.

[5] Voir p. 134.

[6] Cette *Tanais* se rapproche de *T. Dulongii* (M.-Edw.); mais les appendices terminaux de son abdomen, au lieu d'être très courts et triarticulés, ont sept articles et sont aussi longs que les deux tiers de l'abdomen.

Paranthura Costana, sp.	Bate. Herbiers.
Anthura gracilis, Leach.	Herbiers.
Anceus Halidai, Bate et Westwood.	Rivière de *Penzée*, dans la vase.
Anceus maxillaris, Lam.	*Peraridic*, dans les *Sycon*.
Porcellio granulatus, M.-Edw.	Dans les fentes des murs voisins de la mer.
Cloportide porcellionien [1].	Récifs de *Duon*, niveau très élevé.
Oniscus asellus, Linn.	Dans la vase du port de *Roscoff* [8].
Ligia oceanica, Fabric.	Dans les fentes des murs voisins de la mer.
Phrixus longibranchiatus, Sp. Bate [2].	Cavité branchiale de *Galathea squammifera*.
Bopyrus squillarum, Latr.	Cavité branchiale de *Palœmon serratus*.
Janira maculosa, Leach [3].	Herbiers, sous les pierres.
Jœra, spec. [4].	Côte nord de *Tisaoson*.
Jœra albifrons, Leacq.	Sous les pierres de la grève.
Munna, spec. [5].	Herbier de *Garree Legogen*.
Arcturus, spec. [6].	*Peraridic*.
Idotea linearis, Latr.	A *Morgat*, sur le sable [9].
Idotea acuminata, Latr.	Plantes marines submergées.
Idotea appendiculata, M.-Edw.	*Ile verte*, parmi les algues.
Idotea, spec. [7].	Dans les tiges creuses et pourries des zostères.
Idotea emarginata, Fabr.	Sur les goémons flottants.
Idotea tricuspidata, Desmar.	*Ile verte*, parmi les algues et sur les goémons flottants.

[1] Cet animal, que je n'ai pu déterminer même génériquement, se rapproche des *Deto* (Guérin) par les quatre articles du fouet des antennes externes, des *Oniscus* par les lobes latéraux de sa tête; mais il se sépare de ces deux genres, ainsi que de tous les autres par la grandeur de ces lobes ainsi que de ceux des articles thoraciques et abdominaux qui forment une série continue dont le dernier article de l'abdomen forme le dernier numéro.

[2] Probablement entraîné là par hasard.

[3] Cette forme correspond à la variété trouvée par M. Loughrin et décrite par Spence Bate et Westwood dans le volume II, p. 248, de leur livre.

[4] Tous les échantillons portent une lame operculaire qui revêt les branchies. Cette lame n'est pas décrite par les auteurs anglais.

[5] Cette espèce du genre *Jœra* (Leach) est remarquable par la grande brièveté de ses antennes.

[6] Cette forme se rapproche de *M. Whiteana* (Sp. Bate), mais elle en diffère par les yeux qui sont moins saillants, par les antennes plus courtes et surtout par l'abdomen dont le bord n'est pas épineux.

[7] Cet Arcture se fait remarquer par la brièveté de son quatrième article thoracique, qui ne mesure guère que le tiers de la longueur du thorax, et par son aspect absolument lisse, sans tubercules ni granulations.

[8] C'est la seule espèce que nous ayons été recueillir à une distance aussi grande (Morgat est au-delà de Brest). Toutes les autres proviennent des environs de Roscoff, dans un rayon de quelques kilomètres.

[9] Cette forme diffère peu d'*Idotea parallela* (Sp. Bate). Cependant, ses antennes inférieures ont le fouet droit et composé de trois articles dont un presque aussi grand que le pédoncule et deux petits. En outre, le bord antérieur de la tête est presque droit.

Dynamene Montagui [1],	Leach. Plantes marines submergées.
Dynamene viridis, Leach.	*Rolea.*
Nœsa bidentata, Leach.	Plantes marines submergées.
Sphœroma curtum [2], Leach.	*Peraridic,* dans les *Grantia.*
Sphœroma Prideauxianum, Leach.	*Enes-Toll.*
Sphœroma serratum, Leach.	Sous les pierres à un niveau élevé.
Rocinela Danmoniensis, Leach.	Rapportées du large par les pêcheurs de raies.
Conilera cylindracea [3], White.	Rapportées du large par les pêcheurs de raies.
Cirolana Cranchii, Leach.	Rapportées du large par les pêcheurs de raies.
Œga bicarinata, Leach.	Rapportées du large par les pêcheurs de raies.
Anilocra mediterranea, Leach.	Fixées sur les *Labrus* et *Crenilabrus.*

PODOPHTHALMES.

Stenorhynchus phalangium, M.-Edw.	Grève et dragages.
Inachus Dorsettensis, Leach.	Dragage.
Inachus dorynchus, Leach.	Dragage.
Pisa tetraodon, Leach.	Grève.
Pisa Gibbsii, Leach.	Dragage.
Hyas coarctatus, Leach.	Faubert.
Maia squinado, Latr.	Grève.
Eurynome aspera, Leach.	Dragage.
Xantho florida, Leach.	Grève.
Xantho rivulosus, M. Edw.	Grève.
Platycarcinus pagurus, M.-Edw.	Grève.
Pilumnus hirtellus, Leach.	Grève.
Pirimela denticulata, Leach.	Grève.
Carcinus mœnas, Leach.	Grève.
Polybius Henslowii, Leach.	Haute mer.
Portunus puber, Leach.	Grève.
Portunus corrugatus, Leach.	Grève.
Portunus pusillus, Leach.	Dragage.

[1] Il est à remarquer que le caractère de la dent du sixième anneau thoracique manque chez les jeunes et qu'on trouve tous les intermédiaires entre l'absence complète de dent et la saillie la plus volumineuse. Les jeunes se distinguent moins à leur petite taille qu'à la minceur de leurs téguments. Certains individus petits et à carapace épaisse ont en effet une dent bien marquée. Le vrai caractère spécifique réside dans la lame interne des fausses pattes du sixième article abdominal, qui est toujours obliquement tronquée. Les jeunes, si on les voyait seuls, seraient plutôt déterminés *D. rubra* (Leach). Il y aurait à voir si les deux espèces ne devraient pas être réunies.

[2] Petite variété.

[3] Cette *Conilera* n'est peut-être pas celle que Bate et Westwood décrivent dans leur livre, t. II, p. 304, sous le nom de *cylindracea.* Elle en diffère par les antennes, par les appendices natatoires du sixième anneau abdominal et par des ponctuations rouges dont les auteurs anglais spécifient l'absence.

Pinnotheres pisum, Latr.   Dans *Mytilus edulis*.
Pinnotheres voisin de *Veterum*, Latr. Dans la tunique des *Cynthia*.
Pinnotheres voisin de *Veterum*, Latr. ?
Grapsus varius, Latr.   Sur le sommet des rochers de *Tisaoson*.
Ebalia Pennantii, Leach.   Dragage.
Ebalia Bryerii, Leach.   Dragage.
Ebalia Cranchii, Leach.   Dragage.
Thia polita, Leach.   Grève, dans le sable.
Atelecyclus heterodon,   Leach.
Corystes crassivelaumus, Pennant. Grève.
Pagurus Bernhardus Fabr.   Grève.
Pagurus Prideauxii, Leach.   Dragage.
Pagurus cuanensis (?), Thomp.   Dragage.
Pagurus Hyndmanni, Thomp.   Dragage.
Porcellana platycheles, Lam.   Grève.
Porcellana longicornis, M.-Edw.   Grève.
Galathea squammifera, Leach.   Grève.
Galathea strigosa, Fabr.   Grève.
Palinurus vulgaris, Latr.   20 mètres et plus au-dessous du |niveau des
                                 basses marées.

Scyllarus ursus, Fabr.   Comme le précédent.
Callianassa subterranea, Leach.   Grève, dans le sable.
Gebia deltura, Leach.   Grève, dans le sable.
Axius styrhynchus, Leach.   Grève.
Homarus vulgaris, M.-Edw.   Niveau des plus basses marées et au-dessous.
Crangon vulgaris, Fabr.   Grèves de sable.
Nika edulis, Risso.   Grève et dragage.
Athanas nitescens, Leach.   Grève.
Hippolyte varians, Leach.   Grève.
Hippolyte Thompsoni, Bell.   Dragage.
Palæmon serratus, Fabr.   Grève.
Nebalia Geoffroyi. M.-Edw.   Grève.
Squilla Desmaresti, Risso.   Niveau du Homard.

Nous ajoutons ici une liste de vingt-sept genres de Crustacés inférieurs qui nous sont pour ainsi dire tombés sous la main, sans que nous les ayons cherchés. Cette liste très incomplète ne peut donner une idée du nombre considérable des Entomostracés que l'on pourrait trouver à Roscoff en appliquant tous ses soins à leur recherche.

Sacculina.
Balanus.
Chthamalus.
Pollicipes (Cornucopia, Leach).
Scalpellum (vulgare, Leach).
Lepas (anatifera, fascicularis, etc.).
Chondoderma.
Cyclops.
Nicothoa.
Caligus.
Trebius (spinifrons, etc.).

Nogagus.
Dinemoura.
Pandarus.
Cecrops (Latreillii, Leach)*.*
Læmargus.
Chondracanthus.
Penella (fixées dans les chairs d'un *Orthagoriscus mola* et portant elles-mêmes des
Chondoderma virgata, Colfrs.).

Auxquels on peut ajouter :

Brachyella malleus.
Chondracanthus, cornutus, gibbosus, Zei.
Leposphilus Labrei,
   Publiés par M. C. Vogt dans ses *Recherches côtières.*

Lernanthropus.
Doropygus.
Notopterophorus,
   Pris à Roscoff par le même et donnés par lui au musée de la Sorbonne, e

Ophioseides.
Peltogaster,
   Trouvés par M. Giard.

INDEX BIBLIOGRAPHIQUE.

I.   Treviranus. Vermischte Schriften. Bd. I, s. 58 u. 65, Taf. VIII,
         fig. 46, Taf. IX, fig. 55....................................... 181

II.   V. Audouin et H. Milne-Edwards. Recherches anatomiques
         et physiologiques sur la circulation dans les Crustacés.
         (*Ann. des sc. nat.,* 1re série, t. XI, 2e partie, *Anatomie,
         Crustacés Isopodes,* p. 379-381). (Pas de figures)........... 1827

III.   Zenker. De *Gammari pulicis* historia naturali atque sanguinis
         circuitu commentatio. Jenæ............................. 183

IV.   J.-F. Brandt und J.-T.-C. Ratzeburg. Medicinische Zoologie
         Oniscineæ, Bd. II, s. 75, Taf. XV, fig. 38............... 183

V.   Roussel de Vauzéme. Mémoire sur le *Cyamus Ceti* (Latr.), de
         la classe des Crustacés. (*Ann. des sc. nat.,* 2e série, t. I,
         p. 239-255, pl. VIII et IX)............................ 1834

VI.   Wiegmann. Abweichende Form der Blutkörperchen im Bluts-
         lauf bei Læmopoden. (*Wiegmann's Archiv für Naturge-
         schichte,* s. 111 u. 112).............................. 1835

VII.   Duvernoy et Lereboullet. Essai d'une monographie des or-
         ganes de la respiration de l'ordre des Crustacés isopodes.
         C. R. Acad. sc. Paris, t. XI, p. 881-894)............... 1840

VIII.   H. Goodsir. On a New Genus and on six New Species of Crus-
        tacea, with observations, etc. Sect. IV, On the structure
        and habits of the *Caprellæ*, with observations on some
        New species. (*The Edinburgh New Philosophical Journal,*
        Vᵉ XXXIII, p. 184 et 185) 1842

IX.   H. Rathke. Beiträge zur Fauna Norwegens. (*Novorum acto-
        rum Academiæ Cæsariæ Leopoldino-Carolinæ naturæ Curio-
        sorum,* Vᵉ XX, Pars 1, *OEga bicarinata* (Leach), p. 31 (sans
        figures) 1843

X.   Lereboullet. Mémoire sur la Ligidie de Persoon (*Ligidium
        Persoonii* Brandt). (*Ann. des sc. nat.,* 2ᵉ série, t. XX,
        p. 131 et 132, pl. V, fig. 33 1843

XI.   H. Frey und R. Leuckart. Beiträge zur Kenntniss der wirbel-
        losen Thiere. Caprellen, s. 104-107, Taf. II, fig. 20; Amphi-
        poden, s. 107 u. 108, Taf. II, fig. 19. Braunschweig. 1847

XII.   Lereboullet. Mémoire sur les Crustacés de la famille des Clo-
        portides qui habitent dans les environs de Strasbourg.
        (*Mémoires de la Société d'histoire naturelle de Strasbourg,*
        t. IV, 2ᵉ et 3ᵉ livr., chap. III, § 2, *cœur et circulation*
        (Cloporte), p. 102-106, pl. VIII, fig. 150 et pl. IX, fig. 151-
        156) 1853

XIII.   F. Leydig. Zum feineren Bau der Arthropoden. (*Archiv für
        Anatomie und Physiologie,* s. 453 u. 454, Taf. XV-XVIII). . 1855

XIV.   De la Valette Saint-George. De *Gammaro puteano.* Dissert.
        inaug. Berol 1857

XV.   Ragnar Bruzelius. Beitrag zur Kenntniss des inneren Baues
        der Amphipoden. (*Oefversigt af kgl. Vetenskaps. Akademiens
        Förhandlinger,* nᵒ 1, p. 1-18, *übersetzt von* Dʳ Kreplin, in
        Archiv für Naturgeschichte, Bd. XXV, s. 299 et 300) 1859

XVI.   P.-J. Van Beneden. Recherches sur les Crustacés du littoral
        de Belgique. (*Mémoires de l'Acad. roy. des sc., des lettr. et
        des beaux-arts de Belgique,* t. XXXIII. Los Asellotidés,
        p. 93-94. (Présenté à l'Académie en mai 1860) 1861

XVII.   H.-A. Pagenstecher. *Phronima sedentaria,* eine Beitrag zur
        Anatomie und Physiologie dieses Krebses. (*Archiv für Na-
        turgeschichte,* s. 26, Taf. I u. III) 1861

XVIII. O. Claus. Bemerkungen über *Phronima sedentaria* (Forsk) und
        elongata (n. sp.), (*Zeitschrift für wiss. Zool.,* Bd. XII,
        s. 189 u 190, Taf. XIX 1863

XIX.   A. Kowalewski. Anatomia morskova tarakana (*idothea entomon*)
        i peretchen rakoobrasnich, kotoria vstretchajutsia v'vodach
        S. Peterbourgskoi goubernii. (*Jestestvenno istoritcheskia
        issledovania S. Peterbourgskoi goubernii proisvodimia tchle-
        nami rousskago entomologitcheskago obchestwa V'S. Peter-
        bourge t. I, S. Peterbourg*). Anatomie du Cancrelat des mers
        (*idothea entomon*) et énumération des Crustacés qui se trou-
        vent dans les eaux du gouvernement de Saint-Pétersbourg.

      (Investigations d'histoire naturelle dans le gouvernement de Saint-Pétersbourg faites par les membres de la Société entomologique de Saint-Pétersbourg, t. I, Saint-Pétersbourg, p. 254-257, fig. 1, 3, 8, 13, 16, 17, 18 et 21)............. 1864

XX.   Fritz Mueller. Ueber den Bau der Scheerenasseln (Asellotes Hétéropodes M.-Edw.). Vorläufige Mittheilung. (*Archiv für Naturgeschichte,* XXX⁰ Jahrg., I Bd., s. 1-6)............. 1864

XXI.   — Für Darwin, s. 11, 13, 26, 28 u. passim. Leipzig......... 1864

XXII.   N. Wagner. Recherches sur le système circulatoire et les organes de la respiration chez le Porcellion élargi (*Porcellio dilatatus,* Brandt). (*Ann. des sc. nat.,* 5⁰ série, t. IV, pl. XIV, B)... 1865

XXIII. A. Dohrn. Zur Naturgeschichte der Caprellen. (*Zeitschrift für wiss. Zool.,* Bd. XVI, s. 245-251, Taf. XIII, B)........... 1866

XXIV. G.-O. Sars. Histoire naturelle des Crustacés d'eau douce de Norwège. 1ʳᵉ livr. Les Malacostracés, avec 10 pl.; *Gammarus neglectus* (Lillj), in fide Nilsson, et *G. pulex* (Sars), p. 58 et 59, pl. VI, fig. 19 et 20; *Asellus aquaticus,* p. 106-108, pl. IX, fig. 16, 17, 18 et pl. X, fig. 3. Christiania..... 1867

XXV.   C. Spence Bate. Carcinological Gleanings, n° 4. (*The Annals and Magazin of Natural History,* vol. II, 4⁰ série, p. 120-121, pl. XI. fig. 5 (Tanais)................................. 1868

XXVI. A. Dohrn. Untersuchungen über Bau und Entwicklung der Arthropoden. Entwicklung und Organisation von *Praniza (Anceus) maxillaris.* (*Zeitschrift für wiss. Zool.* Bd. XX, s. 66-67, Taf. VI, fig. 9 u. 10)......................... 1870

XXVII. — Untersuchungen über Bau und Entwicklung der Arthropoden. Zur Kenntniss des Baues von *Paranthura Costana,Ibid.,* s. 91-93, Taf. IX, fig. 1................................. 1870

XXVIII. — Untersuchungen über Bau und Entwicklung der Arthropoden : Zur Kenntniss von Bau und Entwicklung von *Tanais,* (*Jenaische Zeitschrift für Medicin, u. Wissenschaft,* Bd. V, s. 291-292, Taf. XII, fig. 6 u. 7)....................... 1870

XXIX. A.-W. Wrzesniowski. Protocolle der Sitzungen des Section für Zoologie u. vergleichende Anatomie der V. Versammlung russicher Naturforscher u. Aerzte in Warschau im sept. 1876, mitgetheilt von prof. Hoyer. (*Zeitschrift für wiss. Zool.,* Bd. XXVIII, s. 403 (Amphipodes).................... 1876

XXX.   Alois Gamroth. Beitrag zur Kenntniss der Naturgeschichte der Caprellen. (*Zeitschrift für wiss. Zool.,*Bd. XXXI, s. 116-119, taf. IX u. X)................................. 1898

XXXI. C. Claus. Ueber Herz und Gefässystem der Hyperiden. (*Zool. Anzeiger,* I, 12, s. 269................................. 1878

XXXII. — Der Organismus der Phronimiden. (*Arbeiten aus den zool. Inst. des Univers. Wien u. der zool. Station in Triest,* Bd. II, 1 Heft, s. 34-43, Taf. I-VIII)..................... 1879

XXXIII. G. Hallér. Beiträge zur Kenntniss der Læmodipodes filiformes,
          (*Zeitschrift für wiss. Zool.*, Bd. XXXIII, s. 373-375,
          Taf. XXII, fig. 17)..................................... 1879
XXXIV. F. Leydig. Ueber Amphipoden : anatomische und zoologische
          Bemerkungen (*Zeitschrift für wiss. Zool.*, Bd. XXX suppl.
          (Amphipodes), § 5)..................................... 1879
       Voyez aussi les ouvrages généraux sur les Crustacés de Milne-
       Edwards, Sp. Bate et Westwood, etc., et les traités généraux
       de zoologie ou d'anatomie comparée de Claus, Siebold et
       Stannius, Gegenbaur, Milne-Edwards, etc.

EXPLICATION DES PLANCHES.

Remarque : Dans chaque planche, le trait vertical qui se trouve dans le voisinage
de la principale figure représente la grandeur naturelle de l'animal.

LETTRES COMMUNES AUX FIGURES RELATIVES AUX ISOPODES, C'EST-A-DIRE AUX FIGURES
DES PLANCHES I-VII, ET A LA FIGURE 1 DE LA PLANCHE XII.

C, la tête.
1, 2, 7, les sept anneaux thoraciques.
1', 2', 6', les six premiers anneaux de l'abdomen.
T, le telson ou septième anneau abdominal.
Ep, épimères.
An, An', les deux paires d'antennes.
O, les yeux.
P, les sept paires de pattes thoraciques.
B, les cinq paires de branchies.
Bp, leur pédoncule.
Bs, leur lame foliacée recouvrante ou supérieure.
Bi, leur lame foliacée recouverte ou inférieure.
Bo, la trace de leur insertion sur l'abdomen.
U, uropodes ou appendices du sixième anneau abdominal.
L, lames limitantes de la cavité incubatrice.
Bc, la bouche.
A, l'anus.
E, l'estomac.
I, l'intestin.
H, le foie.
Ov, l'ovaire.
Tc, le testicule.
Cv, le cerveau.

N, La chaîne ganglionnaire.

c, cœur.

p, péricarde.

ω, ouverture des vaisseaux branchio-péricardiques dans le péricarde.

o, ouvertures cardio-péricardiques.

as, aorte supérieure ou thoracique.

ai, aortes inférieures ou abdominales.

l, artères latérales.

t, artères thoraciques et rameaux des artères thoraciques destinés aux parties molles chorio-musculaires.

a, *a'*, artères des deux paires d'antennes.

n, *n'*, artères du ganglion nerveux cérébroïde.

oc, *oc'*, *oc''*, artères ophthalmiques.

cœ, collier vasculaire périœsophagien.

μ, artère de la mandibule.

m, artère de la première mâchoire.

m', artère de la deuxième mâchoire.

pm, artère de la patte-mâchoire.

pn, artère prénervienne.

v, artères ventrales des sept anneaux thoraciques, formées de deux parties : l'une interne,

vp, venue de l'artère prénervienne; l'autre externe,

vt, venue de l'artère thoracique correspondante.

pb, branches de l'artère prénervienne se rendant aux pédoncules des branchies.

ab, artères abdominales des cinq premiers anneaux.

ep, branches épimériennes thoraciques.

ep', branches épimériennes abdominales.

u, artères des uropodes.

tl, artères du telson.

h, artères hépatiques.

g, artères génitales.

i, artères des lames incubatrices.

bp, vaisseaux branchio-péricardiques.

sl, sinus latéraux ou thoraciques.

sa, sinus abdominal, ou médian ou prérectal.

af, vaisseaux afférents ou internes des branchies.

ef, vaisseaux efférents ou externes, des branchies.

at, vaisseaux apportant au telson du sang veineux venu du sinus abdominal.

et, vaisseau conduisant au péricarde le sang qui a circulé dans le telson.

λ, la grande lacune thoracique.

PLANCHES I E T II.

ANILOCRA MEDITERRANEA.

Fig. 1. Système artériel. L'animal est vu de dos ; la partie dorsale des téguments a été enlevée dans presque toute sa largeur, excepté au niveau du telson, où la partie moyenne a été seule excisée pour montrer le vaisseau efférent du telson, *et*, allant au péricarde. Le péricarde, *p*, a été ouvert et ses deux moitiés ont été rejetées à droite et à gauche pour montrer le cœur et les orifices, ω, des vaisseaux branchio-péricardiques, *bp*.

2. Système artériel ventral. L'animal est encore vu de dos, mais tous les viscères ont été enlevés, y compris la chaîne ganglionnaire qui recouvre le vaisseau prénervien. On voit l'aorte inférieure, *as*, qui a été coupée à quelques millimètres au-dessous du cerveau. On la voit fournir les deux grosses et courtes branches qui forment le collier vasculaire périœsophagien, *cœ*, et dont l'anastomose sert de point de départ à l'artère prénervienne, *pn*. On voit naître, des angles externes du collier, les deux artères ophthalmiques profondes, *oc"*. La figure montre encore dans le thorax, les artères ventrales provenant les unes de l'artère prénervienne, les autres des artères thoraciques, *t*, qui ont été coupées près du point où elles entrent dans la racine des pattes. On remarquera la large communication établie entre la septième artère thoracique et l'artère prénervienne par la septième artère ventrale. Enfin, on voit dans l'abdomen les artères nourricières des pédoncules des branchies, *pb*.

3. Circulation artérielle des lames de la cavité incubatrice. Les pattes ont été coupées à leur racine.

4. Aortes abdominales. On voit ces artères, *ai*, naissant par deux racines puis réunies pendant une partie de leur trajet, les artères abdominales, *ab*, et la terminaison des premières dans le telson, *tl*, et dans les uropodes, *u*; sur un plan plus profond, dans le telson, on voit son vaisseau efférent, *et*, en continuité avec le péricarde. L'animal est vu de ventre, le tube digestif et tout ce qui se trouve au-devant de lui ayant été enlevé.

5. Système veineux et vaisseaux afférents des branchies. L'animal est vu de dos; tout le système artériel a été enlevé et l'on voit les sinus latéraux, *sl*, percés de sept paires d'ouvertures, *os*, par lesquelles ils reçoivent le sang de la grande lacune, et le sinus abdominal, *sa*, donnant naissance aux vaisseaux afférents des branchies, *af*, qui plongent dans les tissus pour se rendre à ces organes.

6. Terminaison du sinus abdominal et système afférent du telson. Vue de ventre.

7. Coupe dans le thorax. Cette coupe est un peu idéale en ce sens qu'on a supposé réunies dans un même plan des parties qui, dans la nature, sont contenues dans des plans un peu différents. La même observation doit être faite une fois pour toutes au sujet de toutes les coupes du même genre. La cavité incubatrice est remplie d'œufs.

8. Coupe au niveau de l'abdomen. On voit nettement sur cette figure la superposition de cinq vaisseaux ou sinus sur le plan médian. On voit également les différences dans la distribution de l'aorte inférieure, *ai* (qui fournit, par l'intermédiaire des artères abdominales, *ab*, aux muscles de l'abdomen), et de l'artère prénervienne, *pn* (qui fournit aux pédoncules des branchies).

9. Fragment du foie dessiné à $\frac{oc.\ 4}{obj.\ 2}$ Nachet. On voit le long du tube hépatique courir deux vaisseaux qui s'envoient des anastomoses transversales réunies par des artérioles dirigées, par rapport à elles, comme les barbes d'une plume. De ces artérioles partent les fines ramifications chargées de porter le sang aux éléments.

10. Artères des antennes.

11. Artère de la mandibule.?

12. Artère de la première mâchoire.

13. Artère de la deuxième mâchoire.

14. Artère de la patte-mâchoire.

15. Artère d'une patte.

PLANCHE III.

CONILERA CYLINDRACEA (fig. 1-5) et PARANTHURA COSTANA (fig. 6).

Fig. 1. Cœur vu par transparence, ses orifices, les artères auxquelles il donne naissance et leurs valvules. La plus élevée est destinée à l'entrée du sang veineux.

2. Collier péricœsophagien et système ventral. L'animal est vu par la face ventrale. Ses pattes ont été coupées et les pièces de la bouche arrachées pour permettre de voir le collier péricœsophagien vasculaire *cœ*. On remarquera la disposition un peu spéciale de l'artère prénervienne au niveau de chaque ganglion nerveux.

3. Aortes abdominales et leurs ramifications. Cette figure et la suivante sont destinées à montrer la distribution de ces artères, qui, par la richesse de leurs ramifications, constituent le trait le plus remarquable de l'appareil circulatoire de la Conilère. L'abdomen est vu de face par la face antérieure. Les téguments ont été enlevés, ainsi que le tube digestif. Les muscles moteurs des branchies ont été coupés à une petite distance de leur insertion fixe aux téguments dorsaux. On les voit former, de chaque côté, cinq rangées obliques. Chacune d'elles est formée de deux couches, l'une *x*, celle des muscles abaisseurs, l'autre *y*, celle des muscles releveurs. C'est entre elles que chaque artère abdominale, *ab*, passe en donnant, entre les feuillets musculaires parallèles qui composent chaque rangée, un fin rameau qui se subdivise encore entre eux.

Au haut de la figure on voit, sur la ligne médiane, le cœur contenu dans le péricarde et les artères qu'il émet. Sur les côtés, on voit le commencement des deux ovaires dont l'un, le droit, a été en partie ouvert. Les artères ovariennes *g*, nées par exception de la septième thoracique, pénètrent dans ces ovaires et s'y ramifient.

4. Coupe au niveau de l'abdomen. La coupe passe entre la couche des muscles abaisseurs, *x*, et celle des muscles releveurs, *y*, qui a été enlevée du côté droit et relevée du côté gauche. L'artère abdominale est en place du côté droit ; elle a été coupée du côté gauche près de sa terminaison et relevée avec le lambeau musculaire. Sur le feuillet le plus interne des deux couches musculaires du côté gauche, on voit les ramifications de la petite artériole qui lui est accolée. Entre tous les feuillets musculaires existent des artérioles semblables.

5. Vaisseaux de la chaîne ganglionnaire. L'artère prénervienne est relevée et rejetée à droite.

6. Cœur de la *Paranthura Costana* vu par transparence, ses ouvertures, ses artères et leurs valvules.

PLANCHE IV.

SPHŒROMA SERRATUM.

Fig. 1. Cœur, péricarde et principales artères. L'animal est vu de dos ; les téguments ont été enlevés sur presque toute la largeur, mais le bouclier abdominal est resté en place. On voit le cœur contenu dans le péricarde qui a été ouvert; les orifices branchio-péricardiques, ω, au nombre de trois paires seulement, et, à l'extrémité inférieure du péricarde, les orifices, *y*, qui font communiquer sa cavité avec les lacunes de la couche chorio-musculaire dorsale. Cette couche a été enlevée dans sa partie moyenne ; sur les côtés on la voit sous forme de bandes séparées par de profondes échancrures dans lesquelles sont couchées les artères thoraciques, *t*. Chacune de celles-ci donne une artère, *ch*, qui pénètre dans la couche chorio-musculaire située au-dessus, devient superficielle et se ramifie (v. le texte). On remarquera aussi le vaisseau efférent du telson, *et*, qui est marginal et constitue à lui seul la plus grande partie du troisième vaisseau branchio-péricardique.

2. La tête grossie, pour montrer l'origine des branches du collier périœsophagien vasculaire, *cœ* ; le cerveau a été enlevé.

3. Système ventral et artère prénervienne. Animal comme dans la figure 2 de la planche III. Les branchies ont été complètement enlevées, à l'exception de la dernière, dont le pédoncule, laissé en place, montre la distribution de ses artères nourricières.

4. Aortes inférieures et artères abdominales. On voit le cœur, ses ouvertures et les artères thoraciques, *t*, de la septième paire. La bande chorio-musculaire correspondante a été laissée intacte pour montrer le petit filet anastomotique, *d*, que s'envoient les branches choriales, *ch*, des artères thoraciques.

5. Circulation dans le telson. Le sang veineux arrive sur les parties latérales de l'intestin terminal, traverse les lacunes du telson et est repris par le vaisseau, *et*, efférent de cet organe qui reçoit l'anastomose du vaisseau efférent des uropodes. '

6. Artère prénervienne et vaisseaux de la chaîne ganglionnaire.

7. La quatrième branchie, montrant ses deux lames, la recouvrante, *Bs*, plane avec ses groupes de papilles au sommet, et la recouverte, *Bi*, avec ses plissements.

8. Une patte injectée, dessinée à la chambre claire.

PLANCHE V.

LIGIA OCEANICA. ♀

Fig. 1. Animal vu comme dans la figure 1 des planches précédentes. Le péricarde a été enlevé pour monter l'intestin, I, avec les vaisseaux qui parcourent sa face dorsale. On voit les artères intestinales latérales, *il*, nées de la septième artère thoracique, se porter en dedans vers l'intestin et se diviser en deux branches qui suivent l'une, en montant, l'autre en descendant ses bords latéraux. On voit aussi, en *ci*, le gros rameau qui, né de la sixième thoracique, forme avec son homologue du côté opposé un demi-anneau autour de l'intestin. On remarquera en outre les aortes inférieures, *ai*, naissant par un tronc commun avec la septième artère thoracique.

2. Tête plus grossie, dont le cerveau a été enlevé pour montrer l'origine des branches du collier vasculaire périœsophagien, *cœ*. En *f*, on voit l'origine de l'artère faciale, et, en *n*, *n'*, les artères cérébrales.

3. Circulation intestinale vue par la face antérieure de cet organe. On remarquera la manière dont les ramifications latérales de l'artère intesti-

nale antérieure, *ia*, formant en bas des rectangles réguliers par leur anastomose avec celles des intestinales latérales *il*, finissent par devenir plus courtes vers le haut et dégénèrent pour s'anastomoser avec les ramifications beaucoup plus irrégulières des intestinales supérieures, *is*.

4. Coupe au niveau du thorax.

5. Coupe au niveau de l'abdomen. Une seule lame foliacée a été laissée de chaque côté sur le pédoncule branchial. Du côté gauche, c'est la lame supérieure ou recouvrante B*s*; du côté droit c'est la lame recouverte, B*i*. On remarquera les différences de la circulation dans ces deux lames. On remarquera aussi que, par exception, les artères nourricières des pédoncules branchiaux viennent des ramifications de l'aorte abdominale, *ai*, et non de l'artère prénervienne qui, à ce niveau, n'existe déjà plus. Cela n'a lieu que pour les branches des deux dernières paires.

6. Circulation ventrale. On remarquera le peu de développement de l'artère prénervienne, qui est discontinue dans le thorax et s'arrête dans l'abdomen à la troisième paire de branchies.

7. Structure musculaire du cœur. Rapport des orifices cardio-péricardiques avec les fibres circulaires.

8. Globules du sang vus avec $\dfrac{\text{oc. 1}}{\text{obj. 7. imm.}}$ Nachet. Leurs mouvements amiboïdes et leur protoplasma d'un vert bleuâtre.

9. Les mêmes après l'action de l'acide acétique.

PLANCHE VI.

PRANIZA HALIDAYI. ♀

Fɪɢ. 1. L'animal est vu de dos, les téguments dorsaux ayant été enlevés. On voit le sac incubateur I*n* distendu par les embryons. Sur les parties latérales une petite partie de ce sac a été excisée pour montrer l'artère thoracique du cinquième anneau se divisant en une artère crurale et une artère ventrale. Le petit vaisseau (x) est celui qui va de l'artère latérale à la patte-mâchoire et qui représente morphologiquement la première artère thoracique.

2. Le même, vu de dos, tous les viscères et le sac d'embryons ayant été enlevés pour montrer les artères ventrales. Aux extrémités de ces artères et de leurs ramifications, nous avons représenté un petit pointillé rouge qui représente exactement l'aspect obtenu dans nos injections. Le chromate de plomb, après avoir rempli les vaisseaux, s'est épanché, sous forme de granulations isolées, mais très rapprochées, dans un petit rayon autour de l'orifice librement ouvert du vaisseau.

3. La partie supérieure du cœur et l'origine des artères vus par transparence. On voit la valvule aortique spéciale. (V. le texte.)

4. Coupe au niveau de l'abdomen.

5. Une artère thoracique, *t*, au moment où elle forme un coude pour se continuer avec le rameau ventral, *vt*, fournissant l'artère crurale, qui n'est ici, par ses dimensions et sa direction, qu'une simple collatérale.

6. Branchies du jeune.

PLANCHE VII.

BOPYRUS SQUILLARUM. ♀

Fig. 1. Système artériel. Animal vu de dos, les téguments de la face postérieure ayant été enlevés. On remarquera les artères thoraciques naissant toutes de l'aorte et surtout les vaisseaux branchio-péricardiques, *bp*, formés par la réunion des vaisseaux efférents des branchies (dont on ne voit que la terminaison au moment où ils émergent des parties profondes en *ef*), et des vaisseaux efférents des lobes épimériens de l'abdomen, *ef'*. — Le vaisseau impair et médian n'a pas d'autre provenance que le telson, T.

2. Système veineux. On remarquera la disposition des sinus latéraux, *sl*, ou thoraciques, qui se divisent dans l'abdomen pour fournir un sinus marginal, *sa'*, d'où partent les vaisseaux afférents des lobes abdominaux, et un sinus interne, *sa*, qui représente, avec celui du côté opposé, le sinus abdominal ordinairement impair et médian.

3. Coupe au niveau du thorax.

4. Coupe au niveau de l'abdomen, montrant le sinus marginal, *sa'*, le sinus abdominal, *sa*, tous deux pairs, et leur distribution.

5. Une portion de thorax de la figure 1 grossie, montrant les rapports de l'aorte, *as*, avec les ovaires, Ov, le tube digestif, I, et les glandes hépatiques, H, et la distribution de ses branches (vue dorsale).

6. Le cœur vu par transparence, sa structure musculaire et ses orifices péricardiques. *p*, le péricarde. — Vue dorsale.

7. La dernière lame limitante de la cavité incubatrice.

8. Villosités intérieures de l'estomac, avec les artérioles qui les parcourent.

oc. 1
obj. 3 Nachet.

LETTRES COMMUNES AUX FIGURES DES PLANCHES VIII-XI ET A LA FIGURE 2 DE LA PLANCHE XII, RELATIVES AUX AMPHIPODES, LÆMODIPODES ET AUX TANAIDÉS.

c, cœur.

o, orifices cardio-péricardiques.

p, péricarde.

pt, vaisseaux pericardiques ou afférents du péricarde, dans le thorax.

pa, les mêmes dans l'abdomen.

as, aorte supérieure.

ai, aorte inférieure.

f, artère faciale.

a, artère antennaire supérieure.

a', artère antennaire inférieure.

cc, anneau vasculaire péricérébral.

cœ, collier vasculaire périœsophagien.

m, branches latérales de terminaison de l'aorte inférieure au point où elles se perdent dans le sinus ventral.

n, branche terminale de la même artère au point où elle se perd également.

q, terminaison de l'aorte supérieure se perdant dans la partie supérieure du même sinus ou plutôt dans les lacunes de la tête, en communication avec lui.

s, sinus artériel ventral.

ap, vaisseaux afférents des pattes.

ep, vaisseaux efférents des pattes.

ab, vaisseaux afférents des branchies.

eb, vaisseaux efférents des branchies.

ae, vaisseaux afférents des épimères.

ee, vaisseaux efférents des épimères.

Les lettres capitales ont la même signification que pour les Isopodes.

PLANCHE VIII.

TALITRUS LOCUSTA[1].

F_IG. 1. L'animal est vu de dos. Les téguments dorsaux ont été enlevés, ainsi qu'une partie de la paroi dorsale du péricarde, pour montrer le cœur. Toute la portion du péricarde située en dehors de l'ouverture des vaisseaux péricardiques se voit par transparence à travers une couche musculaire. On remarquera l'orifice, *u,* des glandes dites urinaires sur l'article basilaire des grandes antennes.

2. L'animal injecté, vu de côté et montrant par transparence le péricarde, *p,* les vaisseaux péricardiques, *pt* et *pa,* et les vaisseaux principaux des épimères.

3. L'animal fendu longitudinalement un peu en dehors de la ligne médiane pour montrer l'anneau péricérébral, *cc,* l'anneau périrénal, *cr,* et la manière dont la branche terminale de l'aorte inférieure se déverse dans le sinus ventral, *s,* au point *n.* On voit aussi en *m* le point où se déverse dans le même sinus la branche collatérale du côté droit. En *y* sont les muscles extenseurs de la queue, qui séparent à ce niveau le péricarde des téguments. R, coupe de la glande rénale.

4. Le cœur, ses orifices et ses valvules aortiques, vus de profil par transparence. On remarquera la forme onduleuse de son bord postérieur, due aux ligaments qui le fixent aux téguments voisins.

5. La tête vue de face, montrant les glandes rénales, R, avec leur conduit excréteur qui contourne la base de la grande antenne pour aller s'ouvrir à la face dorsale. On voit l'aorte supérieure et ses ramifications dans la tête. *x* représente la petite fossette dont il est parlé dans le texte.

6. Coupe au niveau du thorax. Le vaisseau efférent de l'épimère, *ee,* ne devrait pas être vu dans une coupe passant par le milieu de l'anneau. Il e

---

[1] Le sinus ventral, bien qu'il soit artériel, est représenté avec la couleur bleue qui est la teinte conventionnelle des vaisseaux veineux. Mais le mélange du sang de diverses provenances est si compliqué qu'il nous a été impossible de satisfaire à toutes les exigences par l'emploi des deux couleurs ordinaires. Pour respecter autant que possible les homologies entre les parties de l'appareil circulatoire des Amphipodes et celles des Isopodes, nous avons représenté en rouge le cœur et les aortes avec leurs branches et le péricarde avec ses vaisseaux afférents; et en bleu le sinus ventral et les vaisseaux alimentés par lui.

été représenté pour montrer ses relations avec le vaisseau péricardique correspondant. En réalité, il n'existe pas à ce niveau (voir fig. 2 et 8) et est plus superficiel que le vaisseau afférent, *ae*.

7. Coupe au niveau de l'abdomen. On remarquera les branches collatérales de l'aorte inférieure, situées précisément dans le plan de la coupe, s'ouvrant en *m* dans le sinus ventral.

8. Circulation épimérienne avec ses vaisseaux principaux et ses lacunes.

9. Circulation cérébrale. L'anneau péricérébral a été ouvert par le côté superficiel et les deux lobes du cerveau ont été écartés pour montrer l'artère cérébrale qui naît de la branche profonde du collier.

10. La branchie.

PLANCHE IX.

COROPHIUM LONGICORNE.

Fig. 1. Animal comme dans la figure 1 de la planche précédente. Le pointillé qui termine l'aorte inférieure est schématique et montre un fait qui ne s'observe que par transparence, la dispersion des globules à la sortie du vaisseau.

2. L'animal n'est pas coupé longitudinalement. Il est vu de profil après que les téguments des parties latérales ont été enlevés. Les épimères et les appendices du côté droit ont été laissés en place, ainsi qu'une partie des téguments voisins. *pt* représente l'origine des vaisseaux péricardiques du côté droit. On voit l'anneau péricérébral, *cc*, et la distribution du sinus ventral, *s*.

3. La tête vue de face. Les appendices de la bouche, à l'exception des pattes-mâchoires, *pm*, ont été enlevés et laissent voir le collier périœsophagien, *cœ*, et ses branches.

4. Coupe un peu schématique au niveau de l'abdomen, montrant la marche des globules dans les appendices.

5. Le cœur vu par transparence.

6. Coupe au niveau du thorax.

7. Branchie vue par transparence sur l'animal vivant.

8. Portion d'une patte injectée montrant exactement la manière dont les deux vaisseaux principaux du membre communiquent entre eux par des courants situés en des points déterminés, mais non munis de parois.

PLANCHE X.

LÆMODIPODES FILIFORMES.

Fig. 1. *Caprella acanthifera* injectée, montrant par transparence les principaux traits de son appareil circulatoire.

2. Tête de la même, vue de face.

3. Coupe au niveau d'un anneau branchifère.

4. Branchie placée de champ, montrant l'orifice que laisse la cloison intermédiaire aux deux chambres.

5. Branchie vue de face.

6. Le cœur vu par transparence (ch. cl.). Vu à ce grossissement, il aurait eu une longueur de plus de 70 centimètres, aussi avons-nous dû représenter seulement la partie importante dans chaque anneau. — Dans l'anneau I, on voit la valvule cardio-aortique supérieure; dans les anneaux II, III et IV, les orifices cardio-péricardiques; dans l'anneau V, la valvule cardio-aortique inférieure; dans l'anneau VI, les branches collatérales, *m*, de l'aorte inférieure, et dans l'anneau VII, la terminaison, *n*, de celle-ci.

7. *Proto pedata*, patte et branchie.

8. Extrémité de la branchie de la même, vue de champ.

9. *Protella phasma*, branchie vue de face.

10. Extrémité de la branchie de la même, vue de champ.

11. *Caprella acutifrons*, branchie vue de face.

12. La même, branchie vue de champ.

13. *Proto Goodsirii*, tête vue par transparence (ch. cl.), montrant la valvule cardio-aortique supérieure et une partie de l'anneau péricérébral, *cc*. L'animal est posé un peu obliquement.

PLANCHE XI.

TANAIDÉS.

Fɪɢ. 1. *Paratanais Savignyi*. Animal injecté, vu de dos, par transparence, grossi environ 25 fois. Au péricarde arrivent, outre les vaisseaux péricardiques ordinaires, *pt*, de petits troncs, *pt'*, qui sont d'autre part en relation avec le sinus ventral, par l'intermédiaire de larges lacunes. Les vaisseaux afférents de la branchie céphalique sont représentés en *d, e, r*. En *g* est l'origine du collier périœsophagien. En *l*, le vaisseau péricardique venant de la branchie céphalique.

2. Partie supérieure, vue de profil, grossie environ 50 fois. E, orifice d'entrée de l'eau dans la cavité respiratoire; F, orifice de sortie. *d, e, r, g, l*, comme la figure précédente; *h*, vaisseau veineux afférent de la branchie, revenant des appendices de la bouche. On remarquera la réunion du vaisseau artériel, *e*, venu de l'aorte et du vaisseau veineux, *r*, revenant des antennes. Les lacunes de la branchie céphalique sont représentées en bleu dans la partie supérieure et en rouge du côté du péricarde, pour représenter les modifications que subit le sang en les traversant. Nous avons obtenu des préparations qui, à la couleur près, montraient la branchie exactement sous le même aspect que dans notre figure.

3. Coupe verticale de la partie supérieure de l'animal, même grossissement. A droite de l'origine de l'aorte, on voit un prolongement du péricarde, *l*, qui se rend vers la branchie du côté gauche. En *cc* on voit le collier péricérébral caractéristique des Amphipodes. La branche droite du collier périœsophagien, *cœ*, a été coupée en *g* du côté droit.

4. Portion de l'abdomen grossie environ 75 fois pour montrer les rapports des aortes inférieures, *ai*, de leurs branches, *ab*, du péricarde, *p*, et des vaiseaux branchio-péricardiques, *bp*.

5. Coupe au niveau du céphalothorax, montrant la cavité respiratoire. La coupe passe au niveau de l'orifice de sortie S. B, la branchie.

6. Coupe au niveau du thorax.

7. Coupe au niveau de l'abdomen, montrant les branches des aortes abdominales, *ai*, allant avec les vaisseaux du sinus ventral, *s*, dans les pédoncules des fausses branchies ; et les vaisseaux pseudo-branchio-péricardiques, *bp*, ramenant au péricarde le sang abandonné par les précédents, sans que ce liquide ait pu circuler dans les lames foliacées, B*s* et B*i*.

8. Pièces de la bouche : *l*, le labre ; μ, la mandibule ; *l'*, la lèvre inférieure ; *m*₁, la première mâchoire et son appendice ; *m*₂, la deuxième mâchoire réduite à une petite lame ; *pm*, la patte-mâchoire avec les grands appendices de la cavité branchiale, qui semblent au moins lui adhérer.

9. *Apseudes Latreillii*, appendice vibrant de la première patte ambulatoire.

10. Appendice vibrant de la deuxième patte ambulatoire du même.

PLANCHE XII.

REPRÉSENTATION SCHÉMATIQUE DE LA CIRCULATION CHEZ LES ISOPODES
ET CHEZ LES AMPHIPODES.

Fɪɢ. 1. Un Isopode idéal vu de profil du côté droit. Dans le thorax et dans une partie de l'abdomen, les téguments du côté droit sont supposés enlevés et laissent voir les organes intérieurs à nu. Dans le reste de l'abdomen, les téguments sont en place et laissent voir par transparence les organes contenus. C'est l'angle d'union de la face latérale gauche et de la face antérieure de l'animal qui occupe le milieu de la figure, à droite du sinus latéral gauche représenté en bleu. Tout ce qui est à droite de cet angle représente donc la face antérieure, sur le milieu de laquelle on voit, superposés, la chaîne ganglionnaire figurée en noir et l'artère prénervienne. Sur les parties latérales de cette même face, on voit à gauche la série des orifices qui font communiquer les pattes avec la cavité de l'animal. Dans ces orifices passent les artères thoraciques au moment où elles deviennent crurales, et les veines correspondantes qui se jettent immédiatement dans le sinus latéral. Du côté droit le sinus thoracique est supposé enlevé. On voit les extrémités des artères de même nom dont la partie moyenne a été enlevée avec la paroi du corps et dont les extrémités originaires sont encore adhérentes au cœur. On voit les artères thoraciques des deux côtés donner dans chaque anneau, au moment de devenir crurales, leur rameau ventral qui s'anastomose tantôt par ses ramifications tantôt à plein canal avec l'homologue venu de l'artère prénervienne. Du côté gauche de la figure on voit le cœur, les artères thoraciques et latérales en place, le sinus latéral et le tube digestif qui est supposé coupé au niveau de son tiers moyen. Les ouvertures du péricarde à sa partie supérieure ont été exagérées à dessein et l'on voit un courant de sang veineux représenté en bleu se dirigeant vers ces ouvertures. — A la partie supérieure de la figure on voit l'anneau périœsophagien et l'origine de l'artère prénervienne. — Dans l'abdomen on voit par transparence, tout à fait superficiellement, les cinq vaisseaux branchio-péricardiques. Sur un plan plus profond et d'arrière en avant se

trouvent le péricarde, figuré par une teinte rose claire ; le cœur, plus
foncé ; l'aorte inférieure droite, le tube digestif ; le sinus abdominal, formé par la réunion des sinus thoraciques et donnant naissance aux vaisseaux afférents des branchies, et enfin l'artère prénervienne, dont les ramifications vont aux pédoncules de ces mêmes branchies. Les faits de la
circulation spéciale du telson sont aussi indiqués.

2. Un Amphipode idéal, vu tout à fait de profil de telle sorte que la face
antérieure du corps est vue absolument par la tranche. Les vaisseaux
péricardiques du côté droit sont en place. On voit dans tous les anneaux
la façon dont ils se continuent avec les vaisseaux des épimères. Ces
épimères ont été en partie enlevés dans les troisième et quatrième anneaux pour montrer la branchie et la patte sous-jacentes et leurs relations avec le sinus ventral et avec les vaisseaux péricardiques. Le péricarde est figuré d'une teinte plus claire que le cœur. Le système nerveux
est représenté en noir. On voit dans la tête et dans l'abdomen comment
les aortes se déversent dans le sinus ventral coloré en bleu. Enfin on
voit entre ce dernier et le cœur le tube digestif figuré en gris.

Compléter ces notions par celles que peuvent fournir les coupes à
demi schématiques des planches II et III.

TABLE DES MATIÈRES

SECONDE THÈSE

PROPOSITIONS DONNÉES PAR LA FACULTÉ

Botanique. — Formation et développement des cellules.

Caractères des Renonculinées, de Brongniart.

Géologie. — Terrain crétacé inférieur du Midi de la France.

Vu et approuvé :
Paris, le   mars 1881.
Le Doyen de la Faculté des Sciences,
MILNE-EDWARDS.

Vu et permis d'imprimer :
Paris, le   mars 1881.
Le vice-recteur de l'Académie de Paris,
GRÉARD.

PARIS. — TYPOGRAPHIE A. HENNUYER, RUE D'ARCET, 7.

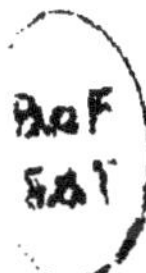

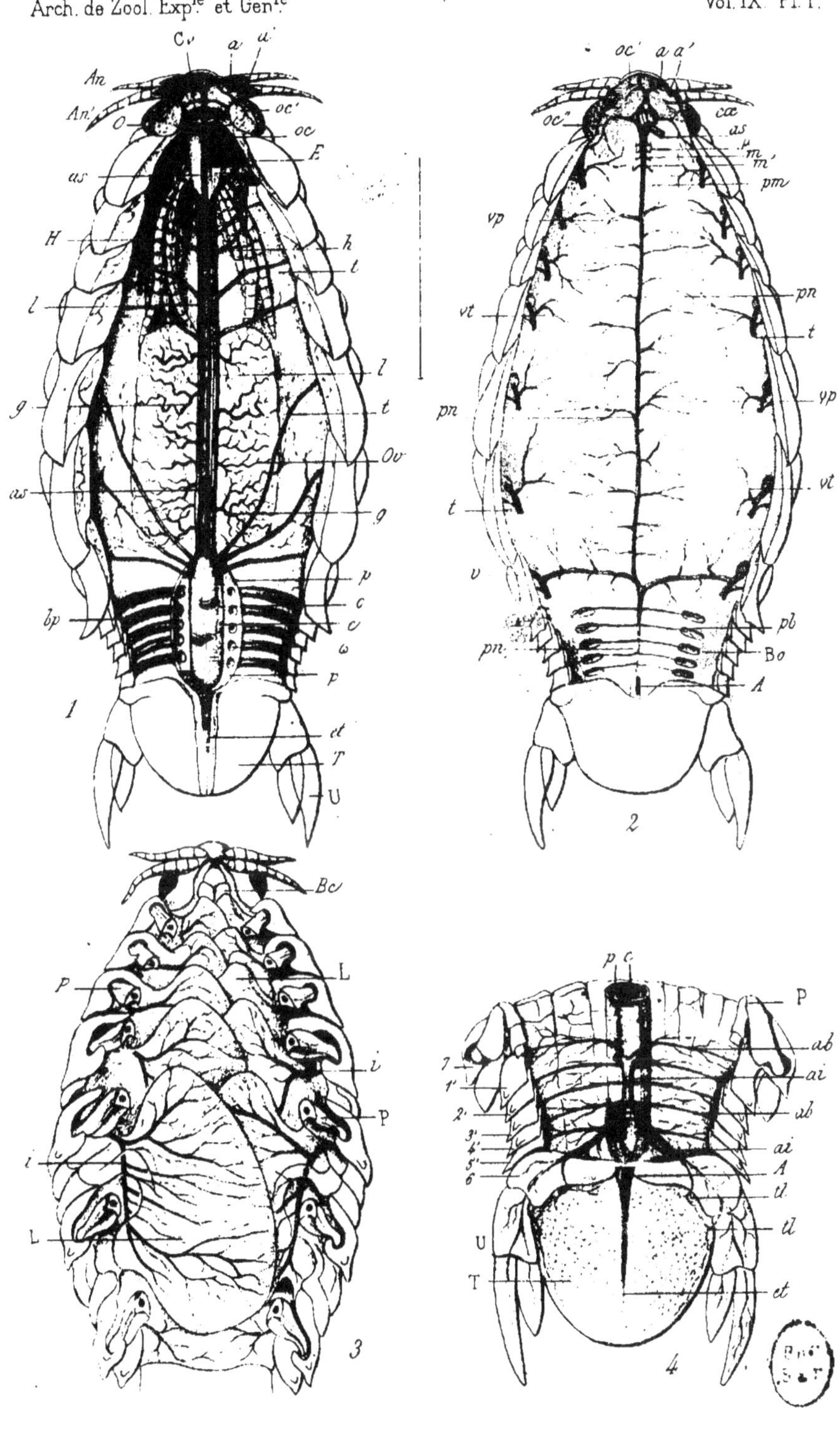

Y. Delage ad. nat. del.   Imp. Lemercier et Cie Paris   A. Karmanski Chromolith.

CIRCULATION DES ÉDRIOPHTHALMES
Anilocre.

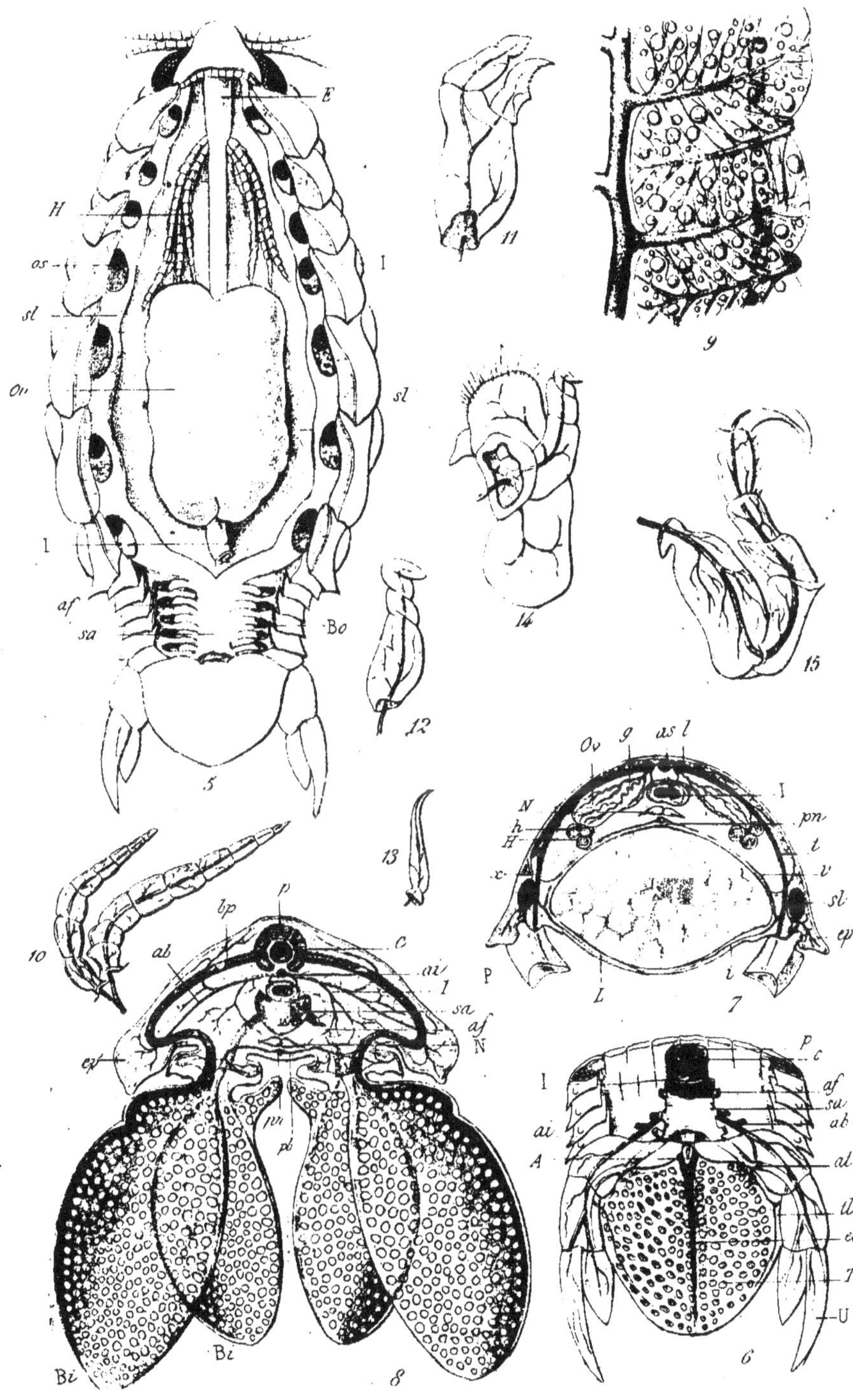

CIRCULATION DES ÉDRIOPHTHALMES
Anilocre.

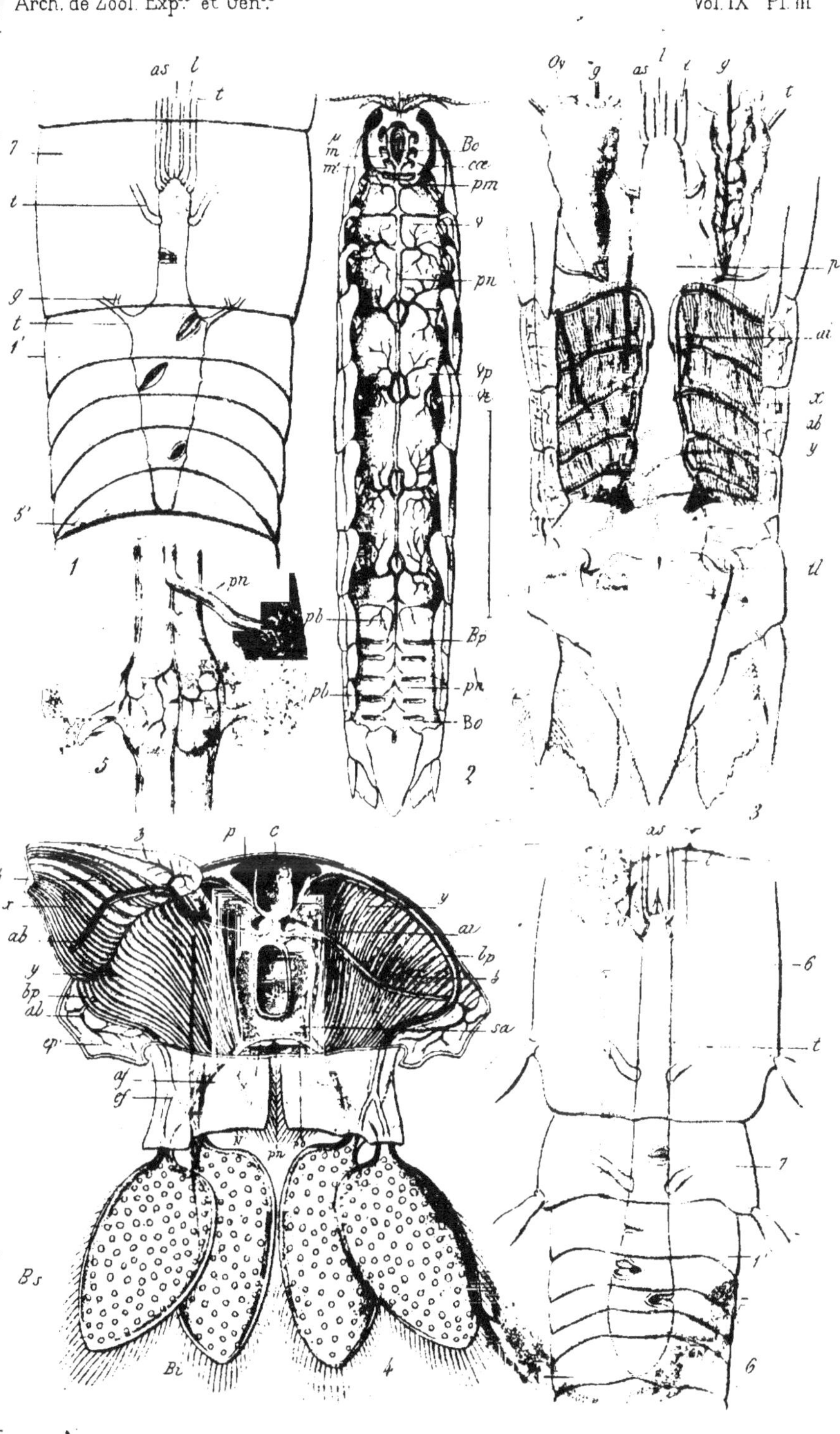

CIRCULATION DES ÉDRIOPHTHALMES
Conilère *Paranthura*.

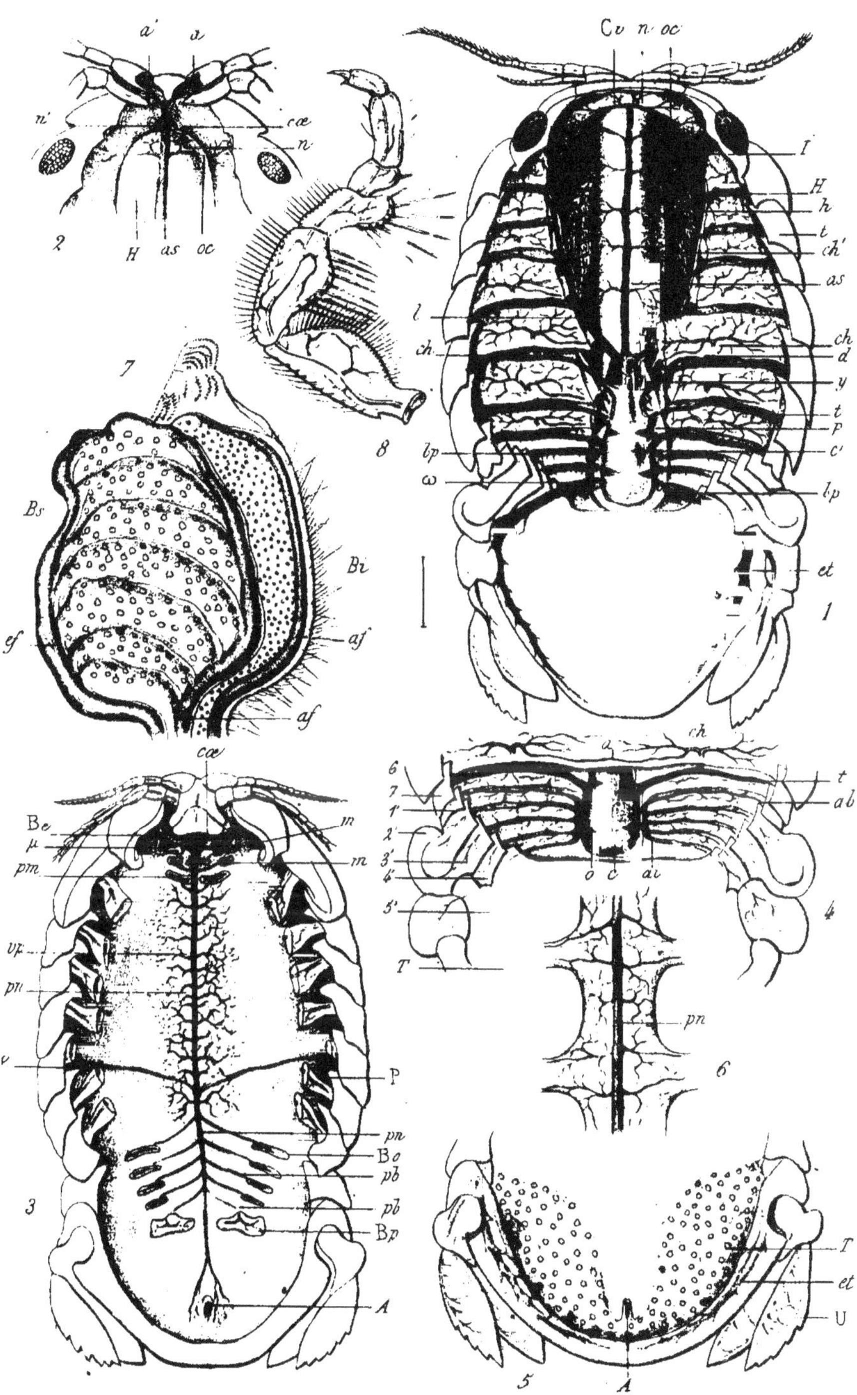

CIRCULATION DES ÉDRIOPHTHALMES

Sphérome.

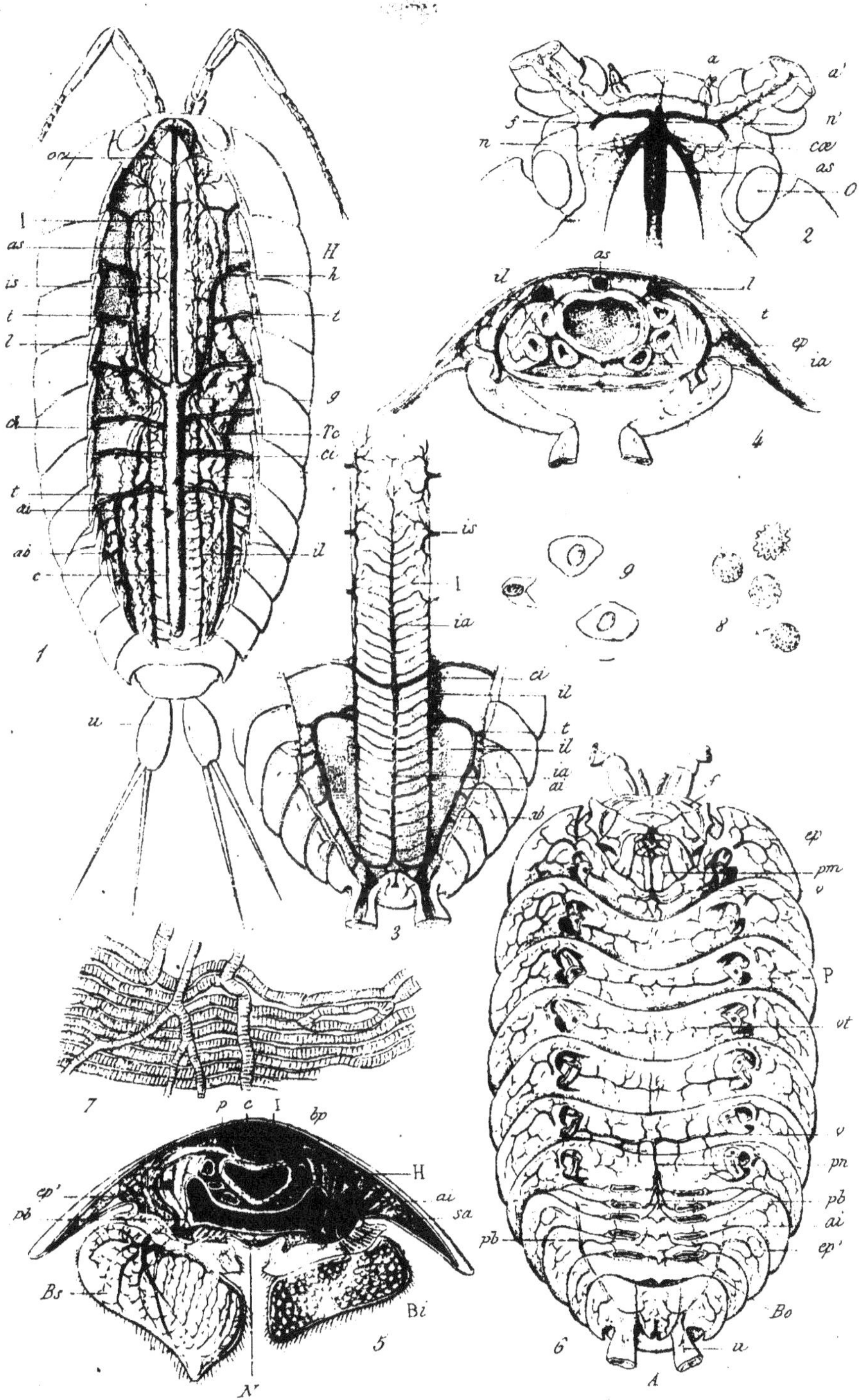

Y. Delage ad. nat. del.   Imp. Lemercier et C.ie Paris   A. Karmanski Chromolith.

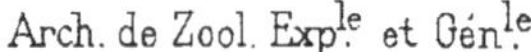

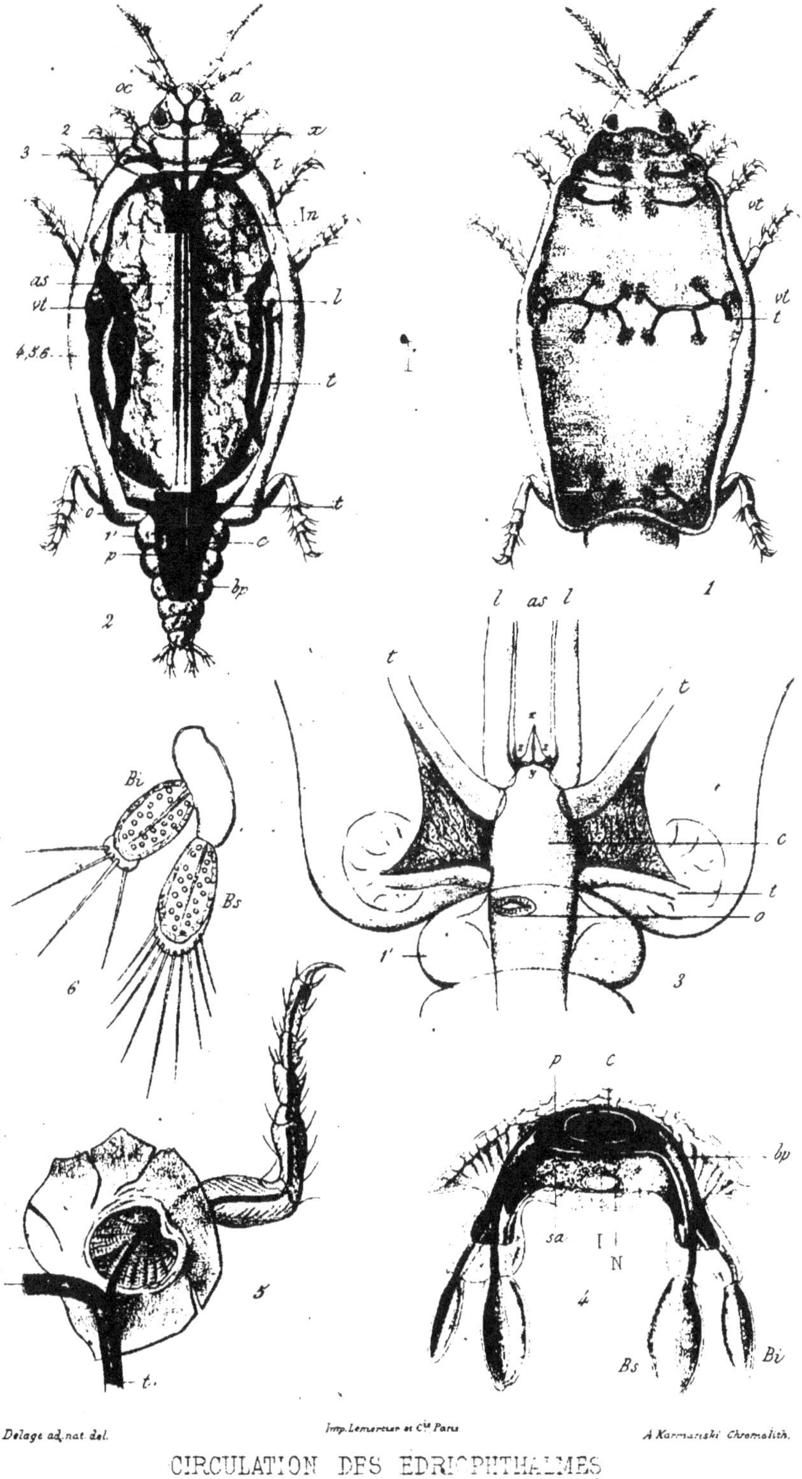

Y. Delage ad. nat. del. Imp. Lemercier et Cie Paris A. Karmanski Chromolith.

CIRCULATION DES EDRIOPHTHALMES

Pranizes (Ancées)

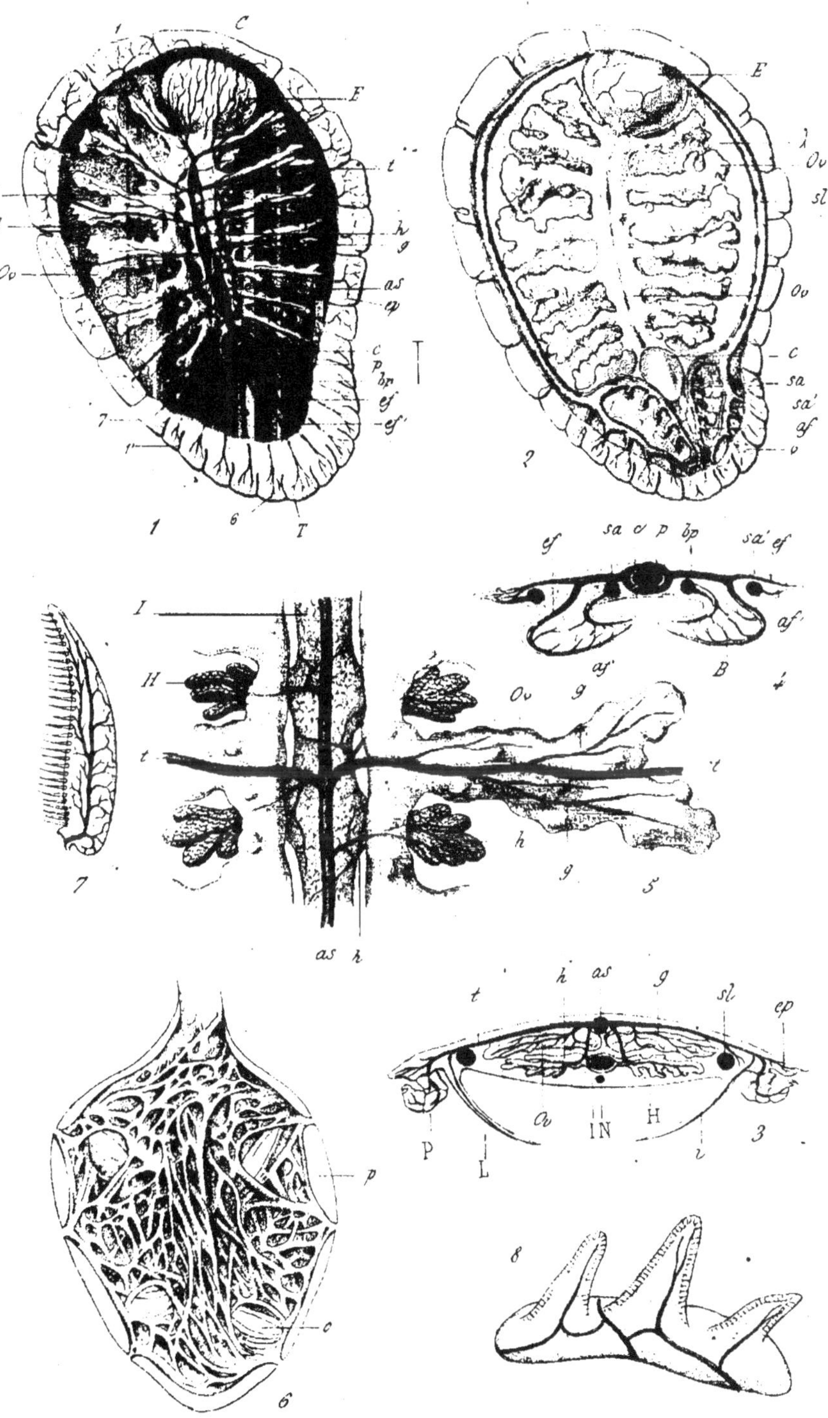

Y. Delage ad. nat. del.

Imp. Lemercier et Cie Paris

A. Karmansk Chromolith.

CIRCULATION DES ÉDRIOPHTHALMES

Bopyre.

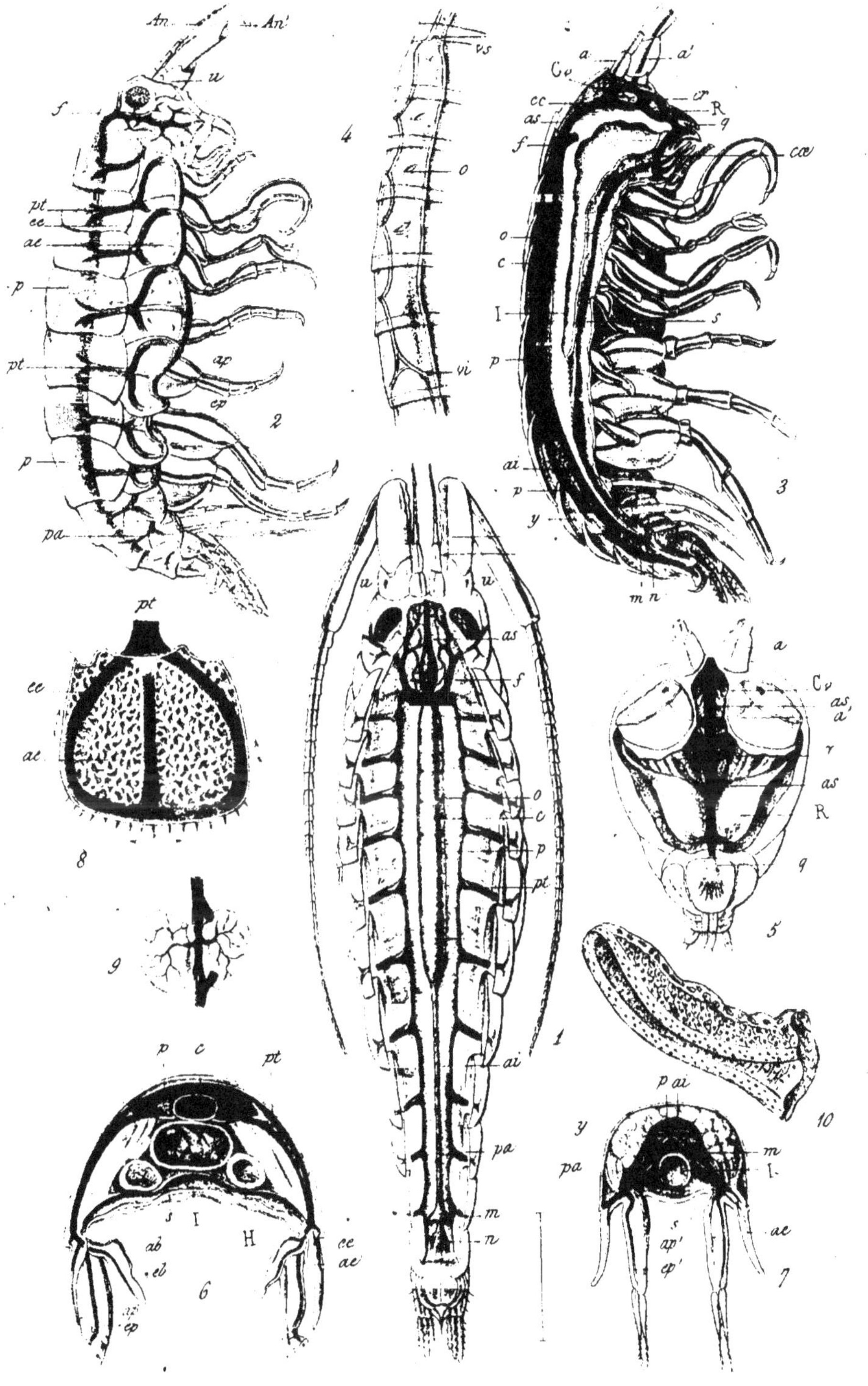

Y. Delage ad. nat. del.   Imp. Lemercier et Cie Paris.   A. Karmanski Chromolith.

CIRCULATION DES ÉDRIOPHTHALMES
Talitre.

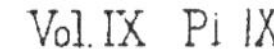

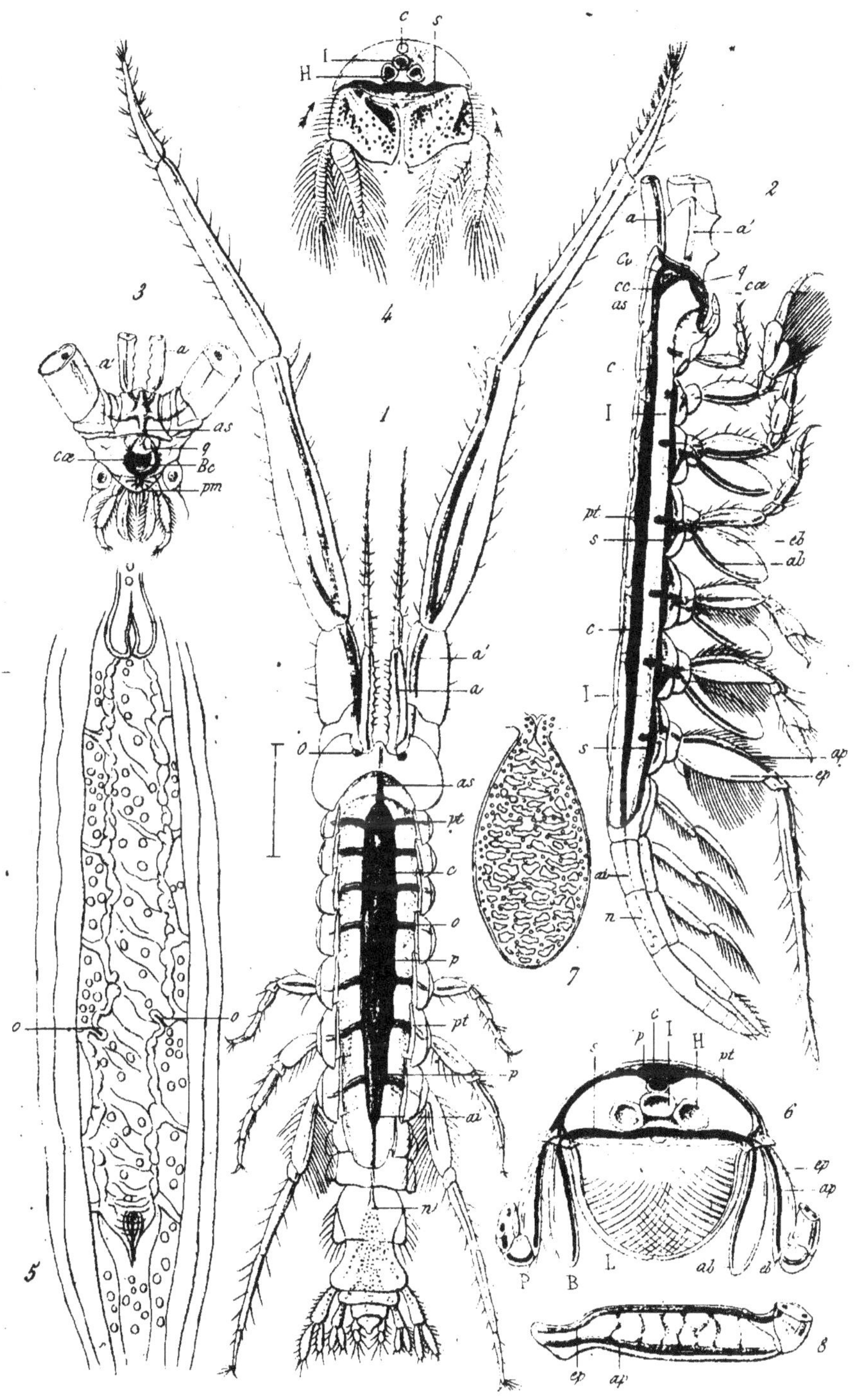

Y. Delage ad. nat. del. Imp. Lemercier et Cie Paris. A. Karmanski Chromolith.

CIRCULATION DES ÉDRIOPHTHALMES

Corophie.

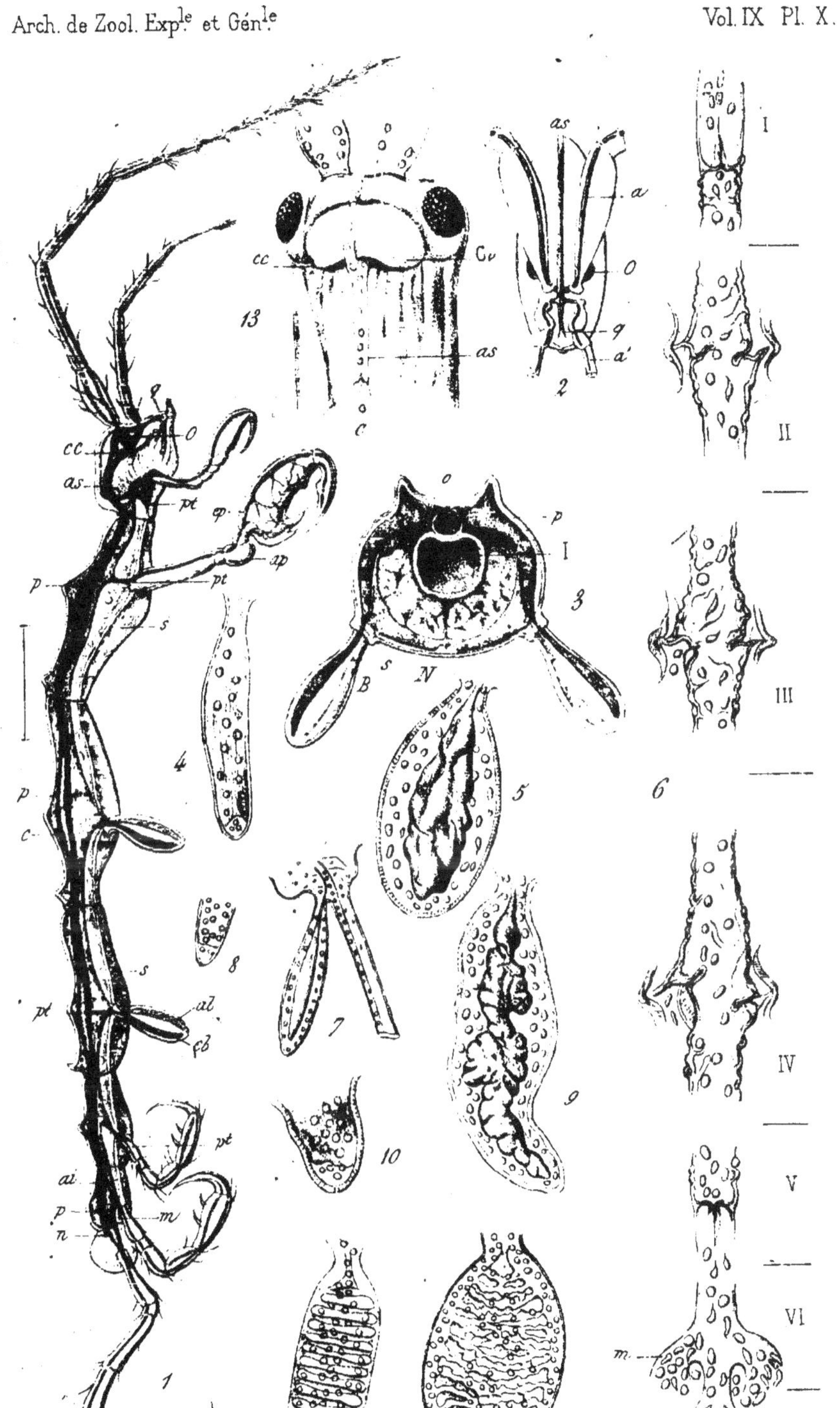

Y. Delage ad. nat. del.   Imp. Lemercier et Cie Paris   A. Karmanski Chromolith.

CIRCULATION DES ÉDRIOPHTHALMES
Caprelles, *Proto, Protella*.

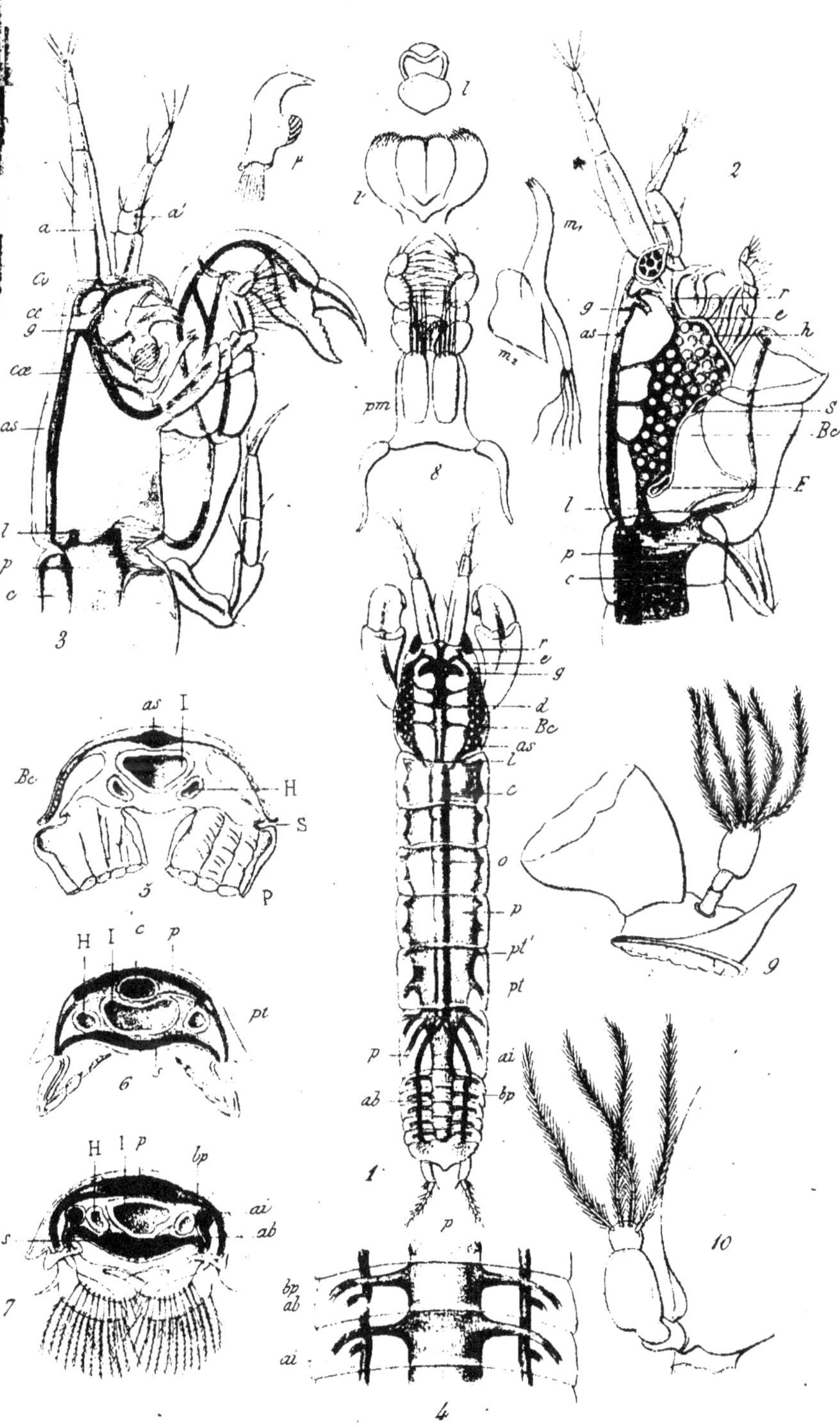

Y. Delage ad. nat. del.

Imp. Lemercier et Cie Paris.

A. Karmanski Chromolith.

CIRCULATION DES ÉDRIOPHTHALMES
Paratanais – Apseudes.

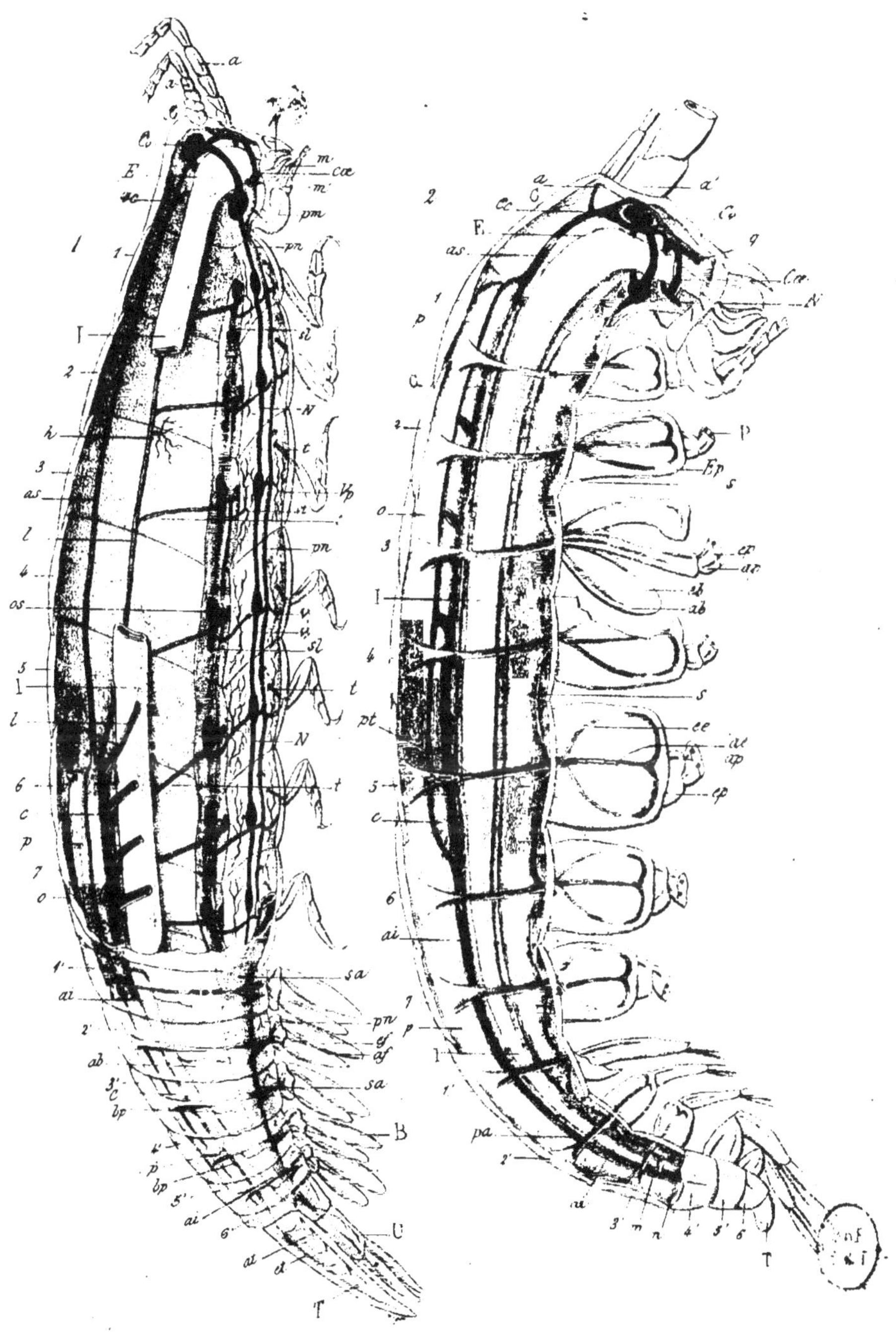

CIRCULATION DES ÉDRIOPHTHALMES

Isopode. Amphipode (Sehém)